超实用
儿童心理学

儿童心理和行为
背后的真相

托德老师 著

机械工业出版社
China Machine Press

图书在版编目（CIP）数据

超实用儿童心理学：儿童心理和行为背后的真相/托德老师著 . —北京：机械工业出版社，2019.7（2024.7重印）

ISBN 978-7-111-63108-8

I. 超… II. 托… III. 儿童心理学 IV. B844.1

中国版本图书馆 CIP 数据核字（2019）第 130594 号

  本书从儿童的语言和认知发展、个性发展、情绪发展、行为管理、社交能力以及父母自我修炼六个板块入手，向父母们全面介绍了 0～6 岁儿童发展的整个过程，希望能真正打通你育儿思维的"任督二脉"。

超实用儿童心理学：儿童心理和行为背后的真相

出版发行：机械工业出版社（北京市西城区百万庄大街 22 号　邮政编码：100037）	
责任编辑：王　戬　刘利英	责任校对：李秋荣
印　　刷：北京建宏印刷有限公司	版　　次：2024 年 7 月第 1 版第 7 次印刷
开　　本：170mm×230mm　1/16	印　　张：16.5
书　　号：ISBN 978-7-111-63108-8	定　　价：59.00 元

客服热线：（010）88361066　68326294

版权所有・侵权必究
封底无防伪标均为盗版

 序言

不懂儿童心理学，怎能做精益父母

作为父母，在漫长的育儿生涯中，需要两个很重要的工具：

1. 如何养育的知识
2. 儿童心理学知识

养育知识让孩子身体强壮，儿童心理学知识让孩子内心健康、快乐成长。如果你还没有学习这些知识，也许在孩子的成长过程中，就会出现一堆让你头疼的问题，却无从下手；如果你的孩子正在孕育中，你想在宝宝刚出生的时候，就为他营造优良的成长环境，让他健康快乐地长大，最好能成为"人生赢家"。无论你处于哪种情况，本书都有可能给你一个满意的答案。但是在你翻看本书之前，我想提出一个重要理念：不要为了解决某个问题来看这本书！

作为一名儿童心理医生，我每天都会收到很多来自父母的问题，问题一多，我就发现有两个很有意思的现象。

一个现象是，很多父母都会提出相类似的问题，问题的重复率极高，一些问题甚至会被反复提几十次以上。比如"为什么我家孩子1～2岁就变得

很叛逆，什么都跟我们对着干？""为什么我家宝贝在家里很活泼，一到外面就变得很胆怯呢？""为什么我家孩子总是无法专注，听课老是走神？"

另一个现象是：很多父母在一个问题得到解答后没多久，又会因为新的问题再来向我咨询。生理发展问题、社交问题、智商疑惑、情商困惑、学业困难、素质培养……

好像孩子的问题永远都解决不完。

为什么会这样呢？

其实，所有的问题都只是家庭教育方式所呈现出的一个结果。只要我们和孩子的相处方式以及我们的教育思路没有改变，问题就会层出不穷，无休无止。所以，针对单个问题的干预行为只是一种"救火行为"，触及不到问题的本质。

但如果你能够系统地学习儿童心理学，情况就会大不一样！因为这门学科能让你把孩子从出生到青春期之前的所有成长问题都搞清楚。再遇到新的问题就不会过分焦虑！比如，为什么2～3岁的孩子会跟我们对着干呢？

心理学家发现，2岁的儿童自我意识飞速发展，和大人作对就是孩子获得自我存在感的最好方式。所以，我们会把孩子2岁左右的这段时间称为"可怕的两岁"（Terrible Two）。如果你懂得这个概念，你就会很自然地去包容孩子这时候所谓的"叛逆"，让他们获得这种宝贵的"存在感"，而孩子也会因为你的包容变得自信。如果你不懂，也就很难理解3岁以后的人生"第一逆反期"⊖这个概念。如果孩子经常对你说"不"，你就很容易使用强力去压制他。这可能会产生两个结果：

1. 孩子以后会很自卑，不敢表达自己；
2. 他们青春期以后，变得异常叛逆。

⊖ 第一逆反期：儿童在3～5岁会发生一系列心理变化，这个时期叫作第一逆反期。第一逆反期的反抗对象以父母为主，标志着儿童心理发展出现独立的萌芽，自我意识开始发展，学会用"我""我的"来表达自己的愿望和要求，按自己的方式行动，不愿意让别人来干涉他们的事，表现出执拗和任性。

所以，不懂"儿童心理学"的后果很严重，因为不懂的话，你就可能依靠自己的本能和习惯来进行养育。我们把这种主要依赖于自己的本能和习惯来进行养育的父母，称为"本能父母"。虽然这样的父母也爱自己的孩子，但是他们很少主动学习与反思自己在养育过程中的问题和不足，在教育过程中遇到挫折更容易采取发泄负面情绪和推卸责任的应对方式。

与"本能父母"形成鲜明对比的另外一类养育者，我们称为"精益父母"。精益父母，指的是那些在育儿过程中贯彻科学的养育理念，实践科学的养育方法，并且能够不断反思和学习的优秀父母。精益父母的标准有3个层次。

层次1：了解儿童心理发展的基本规律，能够提前识别孩子在各个年龄段出现的新行为表现。

层次2：拥有足够的知识和技能来应对儿童发展过程中出现的各种新现象和新问题。

层次3：掌握解决儿童问题的办法，同时明白解决方案背后的原理和原则，能够做到在育儿过程中"知其然，知其所以然"。

这就是懂和不懂的区别。

儿童的发展是一个"整体的系统"。如果你能静下心来，学习儿童在每个时间段的发展规律，掌握那些基本的教育原理，那你的育儿思维将不再只是"寻求问题的答案"这么简单，而是学会一种"养育之道"。你可以在孩子的每个阶段，都有计划、有步骤地实施你的教育方案，使养育变得越来越轻松。很多时候，你只需要培养孩子自己思考、自己解决问题的能力就足够了。

"儿童心理学"就是这样一门专注于研究12岁以下儿童心理发展规律的学科。从如何哄睡刚出生的宝宝，到如何培养孩子的语言能力；从如何帮助宝宝发展动作，到幼儿时期如何培养孩子的多元智能，解决社交冲突；再从了解孩子学习障碍产生的原因，到如何培养一个情绪健康的孩子。可以说：每一个问题，心理学都能做出解释，并给出参考解决方法。

儿童心理学经过了130多年的发展，它秉承的是一个针对儿童发展的整体解决方案，它告诉你的每一个结论，都是经过心理学家们反复实验得出的。

绝不会像某些"鸡汤育儿理念"一样，只告诉你一些含糊不清的道理，比如"男孩要穷养，女孩要富养""棍棒下面出孝子"这样简单粗暴的逻辑。当你按照一张科学的"儿童发展时间表"来对照自己的孩子处于哪个发展阶段时，对孩子出现的"新问题"，也就不会感到陌生和困惑了。

在本书中，我会从儿童语言和认知发展、个性发展、情绪发展、行为管理、社交能力以及父母自我修炼6大板块入手，向父母们全面介绍12岁以下儿童发展的整个过程，希望能真正打通你育儿思维的"任督二脉"（本书将会专注于0～6岁学龄前儿童的心理发展，系列的第二本内容将会集中在7～12岁学龄期）。

如果你想从根本上了解儿童成长到底是怎么回事，在漫长的育儿过程中做到目光长远，淡定而沉着，那就请你开始这一次通往孩子内心世界的探索之旅吧！

 目录

序言　不懂儿童心理学，怎能做精益父母

第1章
儿童语言和认知发展的秘密　｜ 1

孩子的语言发展　｜ 3
孩子的认知发展　｜ 11
有效提高孩子智商的"六脉神剑"　｜ 25
为孩子挑选兴趣班，谁说了算　｜ 28
怎样提高孩子的记忆力　｜ 32
儿童游戏其实就是学习　｜ 40
绘本共读：让孩子的阅读快人一步　｜ 45
既要争分夺秒，又要慢慢来　｜ 49

第2章
解读儿童的个性特质　｜ 57

婴儿期就有的气质类型　｜ 59
婴儿依恋类型：人类亲密关系的原始模板　｜ 63
如何改变养育者的"依恋模式"　｜ 68
儿童是如何获得性别角色的　｜ 70

第 3 章

宝爸宝妈：孩子的情绪你真的理解吗 ┊ 77

识别与安抚婴儿情绪 ┊ 79
面对儿童更复杂的情绪 ┊ 82
每个孩子都有的分离焦虑 ┊ 87
如何搞定乱发脾气的孩子 ┊ 91
如何面对孩子的哭泣 ┊ 99
怎样和孩子的恐惧相处 ┊ 104

第 4 章

理解孩子：问题行为背后隐藏的心理原因 ┊ 109

如何度过"可怕的两岁" ┊ 111
孩子尿床是一种沟通吗 ┊ 115
改变挑食习惯其实很简单 ┊ 118
孩子输不起怎么办 ┊ 122
50% 的孩子都有幼儿园恐惧症 ┊ 125
为什么孩子打人要这样搞定 ┊ 129
如何搞定孩子的拖延 ┊ 134
看电视是孩子学习还是父母偷懒 ┊ 138
延迟满足与预防成瘾 ┊ 142
孩子为什么撒谎 ┊ 146
怎么惩罚孩子才有效 ┊ 154
如何打孩子才"不受伤" ┊ 159
表扬孩子的正确姿势，你做对了吗 ┊ 163
学会正确的奖励方法 ┊ 168
代币法的高效性与局限性 ┊ 172
如何培养孩子的自律行为 ┊ 176

第 5 章

儿童社交：让孩子找到自己的位置 | 181

儿童的四种社交类型 | 183
孩子害羞、不爱跟人打招呼，其实是自我意识在发展 | 187
如何帮助孩子解决冲突 | 192
CBST 儿童社交训练的五个维度 | 197
如何预防孩子遭遇性骚扰 | 202
如何面对大宝对二宝的嫉妒 | 206
两个宝宝抢资源怎么办 | 211

第 6 章

父母修炼：养育孩子也是疗愈自己 | 215

有数据显示，虐待孩子最多的竟然是妈妈 | 217
父亲角色在女孩成长中的意义 | 221
父亲角色在男孩成长中的意义 | 225
如何控制我们带娃时的愤怒情绪 | 229
如何成为更沉着的父母 | 233
四类父母，只有一种可以学 | 237
我们要让孩子决定一切吗 | 241
离了婚，还能做精益父母吗 | 245

参考文献 | 250

第 1 章

儿童语言和认知发展的秘密

孩子的语言发展

婴幼儿语言发展的里程碑

0～6岁是孩子语言发展的关键时期，特别是0～2岁。在这个时间段，你只要在正确的时间，用科学的方法培养孩子的语言能力，他的语言就会得到充分而健康的发展。

我在心理咨询的过程中，遇到过很多青春期的孩子，他们非常不善于表达。我记得有个孩子跟我说："老师，我经常被自己的表达能力所困扰。我有很多心里话不能跟我爸爸妈妈说，因为我说不清楚；我想跟同学表达我的一些观点，但是我说不出来；竞选班干部的时候，每次都想参与，但是又害怕自己的演讲太差。"作为心理医生我当然会对他说："你要悦纳自己，如果你觉得你的语言能力不太强，你还有其他很多优点啊！"

但是作为家长来说，如果你的孩子年龄还小，为什么不在他成长的关键时期培养好的语言能力呢？

一人之言重于九鼎之宝，三寸之舌强于百万雄师。

——《战国策·东周》

现代社会，语言表达能力非常重要。在西方世界，竞选总统时，每个候选人一定会是一个很优秀的演讲家；在我们身边，即便是想要成为小团队的领导，也需要把自己的管理思想向大家表达清楚；学生在班上当干部，也需要竞选，同样需要表达能力。

即便是从事科学研究工作，你有很好的成果，但是却不能在科学报告大会上清楚详细地讲给大家听，无法在向上级部门申请经费的时候说出项目的必要性，那你的科研项目立项的可能性就会大打折扣。除了事业发展，语言能力也是一个人个人魅力的体现，会说话的人会在人际交往、谈恋爱当中获得不少的红利。世界上最著名的智力量表——韦氏智力量表，就把智力分成了两个部分：言语智商⊖和操作智商⊖，重要程度，各占一半。

那么，我们应该如何培养孩子的语言能力呢？

很简单，抓住关键期！最核心的是 2 岁以下。

第一阶段：9 个月以下

一般来说，9 个月以下的婴儿，还不能说出有意义的词语和句子，但他们的学习其实早就开始了，所以，我们家长要做的就是在家里为孩子营造一个良好的语言环境。比如你可以不断地对你的宝宝说话、唱歌，并且配合微笑的表情。你对孩子任何发声的回应，都能够刺激他的大脑语言中枢，促进他的大脑神经元加速成长。

第二阶段：9～13 个月

在宝宝 9～13 个月的时候，你需要做一个非常重要的动作。这个时候，孩子开始出现类似语言的发音。一旦你发现了这个现象，就需要对孩子的这种发音进行模仿（特别是妈妈）。比如宝宝的嘴里发出"Ma-Ma-Ma-Ma"的声音，你就要趁热打铁地告诉他："妈—妈—妈—妈—"，然后不断

⊖ 言语智商（linguistic intelligence）是指阅读、写作以及日常对话的能力，表现为个人能够顺利而高效地利用语言描述事件、表达思想并与他人交流的能力。这种智力在记者、编辑、作家、演说家和政治领袖等人身上有比较突出的表现。

⊖ 操作智商是指智力量表中操作作业方面的成绩，代表着运用肢体完成任务的能力水平。

地重复。如果宝宝发出"Ba-Ba-Ba-Ba"的声音,你就猜一猜他在说什么,你可以说"爸—爸—爸—爸—"关键是要回应他所说出来的话,哪怕是模糊的、含混不清的声音。

有研究表明,母亲对9～13个月的婴儿的语言回应,能够促进他的**"词汇爆发期"**更早地出现。一般来说,13～20个月大的孩子处于词汇爆发期,这也是孩子语言学习的"黄金8个月"。在这段时间里,父母要尽一切可能跟孩子说话,并且及时回应宝宝的语言,产生一种"对话"的感觉。你要让宝宝知道原来说话是我说一句,然后你再说,你说完我再接着你的话说。这样做,容易让他以后成为一个很好的倾听者,这也是"听话"的基础。

除了这个方法之外,我们还要掌握一个原则:**"此时此刻"**。

你在教宝宝进行词汇辨认的时候,一定要遵循这一原则:他在做什么事情的时候,你一定要抓住这个机会来教他说与这件事相关的词汇。比方说,宝宝正在玩皮球,你就要抓住这个机会告诉宝宝:"皮球"。因为宝宝这个时候的注意力在球上,他更容易把语言和物品相互联系起来,而不是他在玩皮球的时候,你指着窗外说"小鸟",这就会让他感到很困惑。

词汇训练一定是以孩子为中心,从他正在从事的事情上教他与事情相关的词汇,这样的方法能让孩子快速地学习词汇。在20个月之前,宝宝的词汇量很可能就会突破50个。

除了让孩子学习母语之外,一岁半的孩子也可以开始学习外语了。有的家长可能会担心:"宝宝同时学习两门语言会不会容易混淆呢?"

这种担心是多余的,因为每个孩子的大脑里都有一种叫"语码转换机制"[⊖]的功能,就是说两岁的孩子,同时学习两门语言是完全没有问题的。所以,你如果想让孩子学习外语,一岁半到两岁就可以开始了。学习外语

⊖ 语码转换机制:是指在双语或多语交际中操双语者或操多语者(即双语人或多语人)为了适应情境而由一种语言或变体转换成另一种语言或变体。

最好的方法就是家里有两种语言环境。

两岁前，我们做到这些，对于孩子的语言发展就够了。

那在两岁后怎么办呢？

有一件宝宝最喜欢的事情——听睡前故事。每位父母都应该给孩子讲睡前故事，不要把这个权利让给早教机构，也不要让给故事机。如果不是迫不得已，请自己给孩子讲故事。

给2～6岁的宝宝讲睡前故事，是家长和孩子建立情感依恋的最好方式。要是可以，每个故事都要精心挑选，因为每个故事都可能会给孩子幼小的心灵植入一个新的概念和世界观，也会促使他养成一个好的习惯，而把讲故事这种机会让给别人，是非常不明智的。

孩子在听故事的过程中，也会问很多问题，这就可以促进你跟他的问答与交流。在美国曾经做过这样一项研究，心理学家把公认的500位卓越的公众人物请来做了一个调查，分析他们的家庭背景、受教育程度、父母是如何培养孩子的，希望搞清楚这些人为什么这么成功。结果发现，每个人成功的方法各有不同，而唯一一项所有人都相同的，就是小时候他们的父母都给他们讲睡前故事，可见睡前故事有多重要！

总结

要想在语言关键期培养孩子的语言能力，0～2岁积极回应他们的发音或者语言；在13～20个月的时候对他进行"语言轰炸"，增加对话。如果有条件，同时进行多种语言的培养；在2岁以后多讲睡前故事。这是所有父母都可以做到的事情。

3～6岁：语言发展的第二关键期

经常会有父母问我："为什么别人家的孩子说话那么清晰流畅，我们家孩子却结结巴巴、磕磕绊绊？为什么别人家的孩子是个沟通高手，我家孩子却总不愿意和人说话？"

是的，有的孩子语言清晰、表达流畅、逻辑性强，有的孩子则恰好相反。如何让学龄前3～6岁的孩子语言能力发展得更好呢？

首先，我们需要了解语言的构成。通常，语言分为语音、语义、语法、语用等，我们常说的听、说、读、写四个环节都包括了以上的构成。儿童的语言产生于外界丰富的刺激，同时又与自身的大脑结构有关。最近的脑科学研究表明，儿童的大脑与生俱来就具备了接受大量语言刺激的神经联结。所以，一个新生儿放在中国，在中文环境的刺激下就会说中文，放在美国，接受美语环境刺激就会讲流利的美语。孩子越小，语言能力越强。

儿童教育家玛丽亚·蒙台梭利[一]认为，**3～6岁是儿童学习书面语言的关键期**。家长们可能会发现，孩子在这一时期还会讲一些"电报语"[二]，比如"球、要"，意思是我要球；3岁左右才可以讲出相对流利的语言，他们会明确表示，这个球是我的，这个时期的孩子，词汇量会大大增加，也因此会更愿意和他人沟通交流，最常见的表现是孩子们越来越多地问"为什么"。所以，3岁以后的孩子，语言的沟通能力会大大提高。

如何在儿童语言发展的第二关键期加一把火，让语言发展得更好呢？

少接触电子产品，多与人交流

首先，我想请家长们思考这样一个问题：看电视能否提高语言能力？电视节目大都采用标准的普通话，益智类节目比如《芝麻街》《小小智慧树》等，看起来也能增长孩子的见识，所以大多数家庭会允许孩子看电视。但

⊖ 玛丽亚·蒙台梭利：意大利幼儿教育家，意大利第一位女医学博士，女权主义者，蒙台梭利教育法创始人。曾两次被提名为"诺贝尔和平奖"候选人，被誉为20世纪最伟大的儿童教育家。

⊖ 电报语：指婴儿最初说出的不完整句子，简洁如同电报用语。1.5～2岁儿童在表达意思时所使用的简单句子，多由两三个词组合在一起，常由名词和动词构成而不带其他词类。

研究表明，**儿童的语言只能在使用中发展**；也就是说，仅仅听别人讲话，只是接触语言，而不参与交流，儿童是无法学好语言的。所以，看电视基本上不能提高语言能力，儿童的语言能力是在与他人的交流中发展起来的，哪怕看再多的电视节目，没有儿童积极主动地参与语言的使用，依然没办法发展语言。

美国心理学家希夫（Schiff）的研究[一]表明，哪怕父母都是聋哑人，孩子听力正常，只要孩子每周花 5～10 个小时的时间与正常人交谈，他们就能正常说话。所以，要训练孩子的语言能力，我们首先需要思考，孩子有没有足够的时间与他人交谈？孩子是不是看电视时间过多？

中国学前教育研究会理事长、南京师范大学教授虞永平认为，**3 岁左右的儿童每天玩电子产品的时间不得超过一刻钟**。所以，多带孩子参与主动交流，尤其是让孩子与年龄更大的同伴交流，能促进儿童语言的发展。之所以建议与大点儿的同伴沟通，是因为他们能提供更多的信息，让孩子们深入发展大脑的语言中枢，使用更合适的语言规则，把话说得更清楚。

阅读能力早培养

语言是一种符号，儿童最初是通过听来掌握这种符号的，但随着年龄的增加，他们要学会阅读，也就是理解印在纸上的字词句子或者篇章的意思。越早开始阅读培养，越能训练儿童的书面语言能力。

这里有两个问题：一个是如何选择，另一个是如何进行。

绝大多数家长会教孩子认字，用卡片让孩子识别文字和它对应的实物，比如，给孩子一张画有苹果，同时印有"苹果"文字的卡片，告诉孩子它叫"苹果"。但是，掌握一个一个离散的字词，不能说明儿童能自己阅读句子，从字词到句子的理解，需要一个很长的过程。

如何过渡呢？

[一] 希夫（Schiff）实验摘自戴维·迈尔斯（David Myers）的《社会心理学》第 11 版。

选择合适的书籍。前面我们讲过,儿童阅读能力的培养不仅仅只是教儿童识字,更是培养他们理解句子和篇章,而大部分3岁左右的儿童没办法自己阅读文字,理解书中的意思。所以这个时候最好的阅读材料,不是《唐诗三百首》,也不是《童话大全》《格林童话》《安徒生童话》,而是各类绘本。儿童可以借助文字简单、鲜明生动的图片加深对文字的理解。所以,当家长们看到孩子不爱看书时,一定要考虑是不是书选错了,而不是孩子的问题。那么,选什么题材的书更合适呢?我们这代人是读着《格林童话》《安徒生童话》长大的,但事实上,这两类童话以及《中国最美童话》等,都不适合给3～6岁的孩子阅读。这类童话的主题很多带有欺骗、拜金、等级差距的思想,比如大多数童话都是王子、公主、国王、毒皇后,甚至还有血腥、暴力的内容……建议给孩子选择温暖的、柔情的、童真的、有情节性的内容,比如"儿童情商绘本系列""青蛙弗洛格系列"等,都是很不错的绘本。这些书都描述了温暖的故事,通过这些故事,孩子们能感受到生活的真实、美好。

当然,有家长会继续问:"要不要让孩子阅读唐诗、宋词等国学经典呢?"大量国内学者研究认为,如果3～6岁的儿童喜爱唐诗宋词朗朗上口的音律美,父母可以和孩子们一起诵读,作为对孩子的传统文化启蒙。但不建议通过经典国学来训练儿童的语言能力,因为对于这个时候的儿童来说,唐诗宋词只是语音节律,他们很难理解语义。

进行阅读训练。最好的培养阅读能力的方法是亲子共读。中外心理学家做了大量研究,结果表明,给孩子读书是提高他们阅读书写能力最好的途径之一。家长和孩子一起看书,家长照着文字读,孩子听故事、看书。这种方式可以让孩子从小就明白,中文阅读方法和书写顺序应该是从左到右、从上到下。当然,父母自己如果喜爱读书,耳濡目染的情况下,孩子的阅读能力也会发展得更好。我有一个朋友,来自书香之家,你在他们家经常看到的场景是,爸爸坐在沙发这头,捧着国内外作家最新的专著;妈妈坐在沙发另一头，捧着哲学历史书；孩子坐在小沙发上，津津有味地看幼儿画报、科学启蒙。他们家的电视很少打开，孩子从来没提过要看电视。所以，孩子的教育不是取决于你如何教，更多的是看你如何做。

进行语言沟通训练

孩子通过本能与模仿能掌握一些语言沟通技能，但更多的孩子并不会自动学会语言沟通方法。所以，家长需要有意识地训练儿童的交流方法。以下4个方面是语言交流的基本规则。

第一，轮流说。听者和说者的角色不断变化。轮流，是达成有效沟通最基本的特点。不可插话，不可打断对方的话，同时自己也要有所表达。在训练的时候，家长可以提醒孩子"宝贝，请听我说完"或者"宝贝，现在轮到你说了"。

第二，倾听。要求孩子认真听别人的话，如果没听清楚，可以请对方重复一遍。倾听，不是要服从对方的话，而是要求孩子在沟通的时候，学会专注，理解对方想说什么。

第三，清晰。语音清楚，表达明确。如果孩子一开始做不到，可以提醒他们慢慢说，速度与质量在儿童时代是没办法同时实现的。有家长会担心，我们家孩子说话含糊，是不是口吃啊？其实，如果没有发音器官的疾病，大部分口吃是因为孩子对语言交流的恐慌和语言训练的不够。家长不需要特别关注，不用对他说话表现得格外在乎，当然更不能批评指责。我以前接待过一个咨询者，女儿有点儿口吃，家长就把关注点放在口吃上，一有口吃就指出来，要求孩子重新说一遍，这样一来，孩子越来越不愿意说话，一说话就口吃。所以，如果孩子口吃，家长只需要陪着他们交流，同时慢慢示范表达，让孩子把讲话的速度放慢，慢下来，清晰度就能提高。

第四，有条理。语言不仅仅是说话，心理学家皮亚杰认为，语言是由孩子的思维决定的。思维发展决定了语言发展，所以，要让孩子能表达流畅、逻辑清晰，家长日常的思维训练也非常重要。**托德学院**[一]**的课程"CBST 儿童社交能力训练"**[二]中就有专题提到了孩子思维能力的训练。家长可以通过与孩子进行简单好玩的字词训练，锻炼孩子的逻辑思维能力，比如："是/不是"游戏，让儿童通过理解"是"与"不是"理解分类概念。通过简单的游戏，让孩子发展分类思维，明白任何事物都会归入某一类，比如他是人，不是小猫；这个玩具是小花的，不是他的。而这些思维能力，就是儿童良好语言沟通的起点（如想学习完整课程体系，可以关注公众号"托德学院"获取详细信息）。

总结

我们该如何训练 3～6 岁孩子的语言能力呢？多和孩子交流对话，鼓励他们相互沟通，多进行亲子阅读。尤其值得注意的是，孩子的阅读和交流技巧不会自发产生，需要家长明确耐心地引导和训练。

孩子的认知发展

婴幼儿认知发展时间表

经典的发展心理学一般是按照孩子年龄的时间轴来划分内容顺序的，这意味着可以给大家一个不同时间采取不同养育方案的参考。这也是精益父母提倡的理念：**在正确的时间，做正确的事情**。所以，我也要给所有的父母提供一张"两岁以下孩子认知发展的精细时间表"。

[一] 托德学院是由托德老师（郭锐博士）创立，致力于用心理学改善中国家庭的幸福感，培养精益父母的应用心理学学院。

[二] CBST 儿童社交能力训练是迄今为止在美国风靡超过 30 年的儿童社交训练，美国的体系名称为 ICPS（I Can Problem Solve），中国的改编版名称为 CBST（cognitive behavior social training）。核心理念是培养孩子自己思考和解决问题的能力。

什么是认知？

认知就是人获得知识和应用知识的过程，我们所关心的孩子的记忆力、想象能力、思维能力和智力都属于认知的范畴。可以说，认知发展的好坏决定了你的孩子今后是不是聪明、是不是灵活、是不是有创造力。了解了孩子认知发展的过程，就能明白怎样提高孩子的智力、如何进行早教、什么时候应该学习特长等问题了。

孩子从出生到成年，他们的认知水平发展一共分为4个阶段：感知运动阶段、前运算阶段、具体运算阶段和形式运算阶段。0～2岁属于最早的**感知运动阶段**。这个精细时间划分，是20世纪最伟大的儿童心理学家皮亚杰⊖用一生的时间研究出来的。

总的来说，感知运动阶段的儿童主要是通过感知和身体运动来认识自己和世界的。在这个时间段，父母可以做的事情就是："刺激感知觉，解放儿童的身体。"为了做到更加精准，皮亚杰把两岁以下这个阶段，又划分成了6个时段，每个时段都有非常具体的发展任务。

第一时段——1个月内

我们说过，孩子从出生开始就非常忙碌。他们可不只是躺在床上，等着你帮他们处理吃喝拉撒，他们也会不断地练习天生的反射动作。比如说，我们都知道宝宝出生以后就有吮吸反射，他们的嘴只要碰到妈妈的乳头，就会自动知道如何吮吸，这是天赋能力。除了拥有天赋，宝宝还会勤奋地练习，就算是嘴没有碰到乳头，也可以通过调整头的位置而找到乳头，还会经常在不饿的时候做出吮吸的动作。你把你的手指或者一个安抚奶嘴放到他们的嘴里，他们就会开始吮吸。不要以为宝宝是被你骗了，误以为安抚奶嘴就是妈妈的乳头，你不可能骗过他们的，他们只是需要练习罢了。

⊖ 让·皮亚杰（Jean Piaget，1896年8月9日—1980年9月16日），瑞士人，近代著名的儿童心理学家。他的认知发展理论成了这个学科的典范，一生留给后人60多本专著、500多篇论文，他曾到许多国家讲学，获得几十个名誉博士、荣誉教授和荣誉科学院士的称号。

第二时段——1～4个月

到这个时段,宝宝们会特别喜欢重复那些"偶然让他们感觉快乐"的动作。如,吃手指、用不同的方式吃奶、抓握物品等,这都是在练习新技能。就拿吃奶这件事情来说,出生1个月以内的宝宝非常容易呛奶,当然有喉软骨发育不完善的原因,但还有一个原因就是,他们还不知道用控制流量的方式吃奶,所以容易呛到。但是到了第二时段,他们会不断练习吮吸的各种技能,也更能够控制口腔的肌肉。你可以明显发现,这个时期宝宝呛奶减少了。

另外,当你发现宝宝有这样一些喜欢做的事情的时候,你就要让他们反复练习。特别是练习抓握动作,除了你经常伸手指让宝宝抓住之外,还需要提供一些不同形状的东西来给他们抓。记住,一定要重复练习,不需要太过丰富的刺激材料,这会让孩子练习的时候不够专注。

第三时段——4～8个月

这个时段的孩子会对操控物品和了解事物的新特征产生浓厚的兴趣。如果重复一件事情可以让他们感到快乐,他们就需要不断地重复、重复、再重复。你给他一个拨浪鼓,如果喜欢的话,他就会自己用手抓着不断地摇。这里要注意的是,这一时期爸爸妈妈如果看到宝宝喜欢听拨浪鼓,就不要只是自己在宝宝面前摇给他听,而是要不断地把这个玩具放到宝宝可以够得到的地方,或者递到他手上,让他自己摇,自己感受(这是听觉、触觉、协调能力的综合训练)。

4个月以后,他们也学会了面孔识别,如果孩子看到一个友善的面孔,他们会主动发出"咕咕咕"的声音留住它。如果他喜欢你,你就可以尽量在他发出声音的时候接近他,这可以让孩子感到快乐,增加对环境的控制感。

第四时段——8～12个月

这个时候的宝宝们会变得更加主动,他们开始尝试总结经验,自己

去解决问题。如果你在他们附近放一些好看的玩具，他们想要的时候，就会自己爬过去拿。就算是你用手挡住，设置一个障碍，他们也会努力推开你的手，然后尝试克服困难去拿到物品。他们的每一个动作越来越有目的性。所以，如果你想训练宝宝主动探索的能力，8个月以前可能做不到，因为他们的身体和认知水平有限，而一旦到了8～12个月的时候，就可以训练他们实现目标的能力了。你可以拿一些宝宝感兴趣的东西，放在离他不远的地方，然后设置一些小的障碍让他们去克服。比如说，在他爬过去拿玩具的途中，设置一个大枕头挡路，必须要他们绕过枕头或者是从上面爬过去才可以拿到东西。这就是我在前面讲的，宝宝要什么东西就一定要付出努力，不是小手一指你就帮他们拿过来，而这个时间节点必须是8～12个月才行，太小的宝宝做不到。

第五时段——12～18个月

这是一个非常关键的时期——创造力萌发的时期。这时候幼儿的好奇心会达到一个高峰，他们非常喜欢探索，而且会想办法用不同的方式来达到同样的目的（这就是所谓的发散思维）。比如，你给他一个橡皮鸭，可能你给他展示的是用手捏就可以发出响声，但是他们用手试验了，可能还不会满足，很多孩子会把橡皮鸭扔在地上，用脚踩，或者是用棍子打、用屁股坐。如果同样能够发出响声，他们会非常开心地大笑，感受到很大的成就感。

这时候，你千万不要以为，我家孩子真调皮，不爱惜东西。其实他们是在非常努力地研究一个目的的多种实现方式，这就是创造力的萌芽。所以，只要没有危险，就一定不要阻止孩子们的这种行为。

第六时段——18～24个月

如果前五个时段都发展顺利，在第六时段，学步期的孩子会出现一种很突出的能力，我们称之为"表征能力"。之前的孩子要解决一个问题，必须要依赖实际的物品来试验；而一旦拥有了表征能力，他们就能够把外界的图像、数字、语言都放到内心进行运算操作，不需要真的做这些事情就能够想象出结果。

皮亚杰曾经和自己的女儿露西娜玩过这样一个游戏，当时她的女儿只有16个月大，皮亚杰让女儿看着自己把一根项链放到火柴盒里；然后让女儿打开火柴盒，把里面的项链拿出来。刚开始女儿会把火柴盒翻转，想把项链倒出来，没有成功。用手直接抠，也抠不出来。结果，露西娜做出了一个很奇怪的动作，她轻轻地张开嘴巴，而且越张越大，然后停了几秒钟。突然，她好像想到了办法，用手从火柴盒的缝处，用力拉——火柴盒就这样被打开了，项链也就这样拿出来了。露西娜张嘴巴的这个过程，其实就是她在头脑中模拟开火柴盒的场景，然后用自己的身体动作模仿了全过程，从而解决了问题。

到了这个阶段，孩子们的思维记忆能力开始高速发展，这个时候，父母对孩子的智能训练就可以全面开始了。

在说方法之前，我要再次强调，绝不是带他们去早教机构老老实实坐着听课。**所有的培养，都是日常生活中的一些小动作。**

具体有4个方向：空间、数字、分类和模仿。

【空间】超过一岁半的宝宝，基本上可以区分自己和周围环境的区别。他们也像是一台"数据收集器"一样，需要积累很多关于空间的知识和数据。那么家里、房子的周围、大自然都可以成为他们积累空间信息的好场所。所以，对空间能力的训练就是不要限制孩子的运动，因为限制了运动就是限制了数据采集。成年后的空间能力不佳、经常迷路或者身体控制能力弱的人，很多都是关键时段数据采集不足导致的。我们一直强烈建议不使用学步车，还有那种把宝宝关在里面的小围栏也不要用，虽然大人可以轻松一点儿，损失却需要孩子来承担。

【数字】一岁半的宝宝可以开始学习一些数字的概念了，数数、认识数

字甚至很简单的加减法,都可以在这个时候开始进行。

【分类】在平时你和宝宝的对话过程中,可以不断地运用分类的概念。动物、植物的分类,颜色、性别的分类都可以在不知不觉中让他们识别。

【模仿】当你发现,宝宝开始模仿你的表情、动作时,你要做的就是支持鼓励他们,把你的动作放慢,反复演示给他们看。他们会在你不断的演示过程当中,记住你的表情、动作和情绪。

要注意的是,你在示范情绪的时候,如果宝宝看到的是一个快乐的妈妈,你做事情时的快乐情绪也会被孩子们记住;如果你是忧郁、焦虑的,他们也可以很灵敏地感受到你的负面情绪,并且学会你的方式。

总结

在两岁以下这个感知运动阶段,你需要根据孩子认知发展的 6 个时段,来实施有针对性的养育方案。在孩子 18 个月前,你基本上不需要刻意做什么,只要注意不阻止他们的认知的自然发展即可;而 18 个月以后,你可以针对孩子的空间、数字、分类和模仿能力发展,提供一些合适的训练条件。

当然,即使你明白每一个阶段该做些什么,能否做好这一切的关键,还取决于你能否把养育孩子真的看成是一件快乐的、有成就的事。要想养育成功,动力是第一,而方法永远是第二位的!

2~7岁幼儿认知发展时间表

A面:大脑2.0升级

前面我们讲述了 2 岁以下孩子的认知发展精细时间表,而随着时间的推移,超过 2 岁的孩子大脑的认知水平会有一个质的飞跃。如果我们把 2

岁以下孩子的大脑认知水平看作1.0版本的话，那么2～7岁阶段孩子的认知能力，则会直接升级到2.0版本，心理学家皮亚杰就把这个时期称为**前运算阶段**。这个阶段，孩子们会发展出各种头脑的新技能。父母最直观的感觉就是，现在的孩子比之前真的聪明多了。那头脑2.0版本的孩子们到底有哪些地方变聪明了呢？

A1：获得符号功能

观察2岁以下的孩子，你会发现一个现象，就是如果他看到一个喜欢的东西，想要拿到它的时候，结果被你拿走了，不让他看见，并且用一些其他的事情分散他们的注意力，他可能很快就想不起自己刚才想要什么东西了。这是因为，2岁以前的孩子，对任何事物的关注和记忆，都非常依赖感觉线索，也就是需要看到或者摸到这个东西才行。但是2.0版本的孩子就不一样了，可能哪天他从幼儿园回来，刚走进屋子，就会大声喊："我要吃冰激凌！"但是，他在从幼儿园回家的路上，一直到家里其实没有看到过任何人吃冰激凌或者是冰激凌的广告图片。没有任何的提示，他还是可以想起冰激凌的凉爽和香甜感觉。**这个时候就意味着孩子认知的第一个子功能升级完成了，这就是符号功能**！从此以后，儿童可以摆脱思维对具体物品的依赖，光凭记忆和想象就能对以前看过的、听过的、感受过的东西进行思维加工。

词语、数字和图像都是孩子们可以用的符号。为什么说，孩子要到2岁以后，他的词汇、句子、语言的流畅程度才能飞速发展呢？就是因为，他们在等着符号功能成熟。而符号功能让他们对周围的事物进行模仿，并且开始玩那种想象游戏（也就是角色扮演游戏）。如果他自己去医院打过一次针，过了一段时间，孩子就会自己拿着注射器去给小熊或者娃娃打针。这些行为，都是他们在用符号努力构建一个自己心中的成人世界。所以那一句广告词"大人吃大馒头，小孩吃小馒头"是非常符合2～7岁的儿童心理特点的。

A2：理解和分类升级

第二个重要的认知升级——理解统一性和分类能力。什么叫统一性呢？这里指的是，孩子们开始知道虽然人和物品在形式、大小或者外观上发生了变化，但本质是没有变的。你把他经常吃的小蛋糕重新换一个包装，再给孩子，就算不去尝，只要他打开一看，就知道还是原来的配方，还是那熟悉的味道。在幼儿园就算是老师穿上海盗的衣服，小朋友们也会想："你还是我们的那位老师啊，别以为你穿上马甲我就不认识你了！"

分类的能力意味着孩子们开始对周围的人和事进行归纳总结。不同的颜色、不同的大小都会被他们在头脑里进行区分。更重要的是，有分类就有了是非观念，孩子们会把人分为"好的"和"坏的""善良的"和"自私的"等。这就意味着，你要开始给孩子树立正确的价值观，培养优良的家风了。

有了分类的能力，就意味着你可以开始跟孩子进行谈判了。遇到孩子不听话的情况，不要直接用惩罚去制止他的行为，因为他们这个时候是可以对话的！首先，你要在日常生活中告诉他们什么是好的，什么是坏的。比如说，吃饭前洗手是很好的习惯，把鞋子放到鞋柜里是很棒的！然后，再在日常生活中让他们判断很多事情的好坏，那个小朋友欺负妹妹，这是好的行为吗？**对儿童的管理，用价值观提前熏陶，然后再做管理，你会轻松很多。**

A3：领悟因果联系

两岁半以上的儿童，开始逐步明白事情之间有因果关系，特别是那种连在一起发生的事情。比如说，他们在草坪上只要一看到一个皮球飞过来，就会马上往球飞来的方向看，想知道是谁踢的。这个时候就该培养孩子考虑事情后果的能力了。你可以经常给他们一些简单的因果关系句式，然后再利用一些时间进行发问。比如说，吃东西不洗手会生病的，把爸爸的书撕坏，爸爸会生气的。有了这样的一些预设之后，你就可以一有机会问他们,饭前不洗手你会怎么样啊?要是把爸爸的书撕坏了,爸爸会怎么样啊?

当然,这个时候孩子们对因果关系的认识还非常简单,他们会把一切先后发生的事情都认为是有因果关系的。比如说,某天,自己被批评了,然后爸爸妈妈就在家里吵架了,孩子很容易就会认为,爸爸妈妈吵架是由自己导致的。这样他们就会担心,爸爸妈妈会不会不理他了,从而出现一些焦虑引起的怪异行为。

A4:同理心出现了

这个阶段还是同理心发展的关键时期。所谓"同理心",就是想象和理解他人的感受,而如果你在这个时候,可以让孩子们去识别其他人的情绪,比如用很多的表情头像放在孩子的面前,然后问:"宝宝,你看这个人的心情是怎么样的啊?""他是开心,还是难过呢?"你也可以在和他一起看电视、看话剧的时候,问他这样的问题(这就是所谓的在生活中练习)。当孩子能够准确识别每一种情绪的时候,你就可以进行下一步的行为推理了。

妈妈:"你看那个小朋友哭得好伤心啊!你觉得她为什么哭呢?"

宝宝:"她找不到妈妈啦!"

妈妈:"那我们应该怎么办呢?"

宝宝:"我们带她一起去找妈妈!"

这就是最基本的利用同理心来让孩子自己决定做什么的训练,也是我们 CBST 儿童社交训练所提倡的:让孩子自己思考。

A5:数字概念的发展

这个时期的最后一个认知水平的升级,是孩子们开始**理解数的概念**了。

一般到了 5 岁,绝大部分的儿童都能够数到 20 以上,并且知道 1~10 这些数字里,谁最大,谁最小。发展领先一些的小朋友可以进行 10 以内的加减运算。(Siegler,1998)在我们的心目中,数学仿佛与天赋有关,我们可能认为男孩的数学就是比女孩好,或者觉得有的孩子数学怎么也不可能学好，这其实都是一种偏见。发展心理学研究表明，儿童的计数和运算能力，主要取决于家庭和社会的文化以及对数字的教学。（Naito & Miura，2001）也就是说，数学好也是一种后天训练的效果。一个家庭越重视数学，儿童的数学能力就会越好。

那你可能要问，为什么美国学生的数学没有我们中国孩子的数学好呢？难道那么先进的美国对数学还不够重视吗？

其实中国孩子数学好，占了一些语言和文化的便宜。3岁以前，孩子们数数从1到10，美国儿童和中国儿童学习的表现是一样好的。而到了四五岁的时候，孩子们开始学习10以上的数字，比如说从11到20，而美国孩子就要重新学习每一个名称：eleven，twelve，thirteen……。中文的数字语言系统是十进制的，中国的孩子学习的11、12、13根本就不是一个新的数字，知觉就可以判断是10加1、10加2、10加3。这种体系对幼儿学习数学更有效，结果差距就这样拉开了。（Miller，Smith，Zhu & Zhang，1995）

从儿童的认知发展规律来看，真正能够对孩子进行正式、有计划的培养，应该是从两岁半左右开始的。而两岁以前，除了给予丰富的环境刺激以外，我们家长在培养上需要做的并不多。我们一直强调：在正确的时间做正确的事。

B面：大脑2.0也有缺陷

上一节，我们讲了两岁以后的幼儿，大脑的认知水平升级到了2.0版本，在五个方面变得更聪明了。但有一个问题可能会同时出现在你的脑海里："这时候的儿童思维会有什么弱点呢？"也就是说，2～7岁的孩子有哪些思维局限性呢？

B1：孩子的"自我中心"

我经常听到一些学前孩子的父母跟我说：

"老师，为什么我家孩子总是只考虑自己，一点儿都不理解我们做父母的想法呢？"

"我们明明想让他这样，他们一定要反着来。"

"有时候我很着急，他好像一点儿都不能理解，还跟我纠缠……"

有这种困惑的家长，先别急着怪孩子。我要告诉你们**儿童思维的第一个局限——"中心化"**。什么意思呢？就是说，**儿童容易只关注情境的某一方面而忽略其他方面，他们不能同时考虑几方面，所以很难站在别人的角度看问题。**

有一个好朋友问我："我女儿冰冰现在两岁四个月了，老喜欢说'不要，不要'。奶奶给她穿袜子，怕她着凉，她说'不要，不要'，然后就跑了。午睡前想让她先去上厕所再睡，她也说'不要'。到时候，还是得自己再去一次厕所。我们的好心，她怎么就体会不到呢？"听了以后，我笑了，说："才两三岁的孩子，她是很难从你的角度看问题的。"这时候儿童的表达都是从自我出发的，两岁以后，儿童的自我意识开始飞跃，迫切地想要获得独立感，但语言能力还跟不上，结果就总是说"不要，不好"的话。我给了这位妈妈一个建议，你每次都给她做一个选择，你是现在穿袜子，还是玩5分钟再穿啊？**第一逆反期的孩子，需要的是自主感，满足这种感觉以后，他们反而会变得比较听话**。结果她回去一用，真的见效了，让孩子自己选择，她就同意穿袜子和上厕所了。其实，"不要，不行"背后的含义是：妈妈，这次能不能让我来做主，然后再听你们的话呢？

皮亚杰为了研究儿童的"自我中心"，设计了著名的**"三山实验"**[一]。他邀请了很多3～5岁的孩子，在他们的面前放一张桌子，桌子上有三座

[一] 三山实验，是心理学家皮亚杰做过的一个著名实验。实验材料是三座高低、大小和颜色不同的假山模型，实验首先要求儿童从模型的四个角度观察这三座山，然后要求儿童面对模型而坐，并且在山的另一边放一个玩具娃娃，要求儿童从四张图片中指出哪一张是玩具娃娃看到的"山"。结果发现幼童无法完成这个任务，他们只能从自己的角度来描述"三山"的形状。皮亚杰以此证明了儿童"自我中心"的特点。

山的模型，又在桌子对面的椅子上放了一个娃娃。然后问这些孩子："你能告诉我，娃娃眼里的山是什么样子的吗？"这时候孩子们基本上还是按照自己的角度来描述山的样子，而说不出娃娃看到了什么。所以，皮亚杰认为，这时候的儿童都是自我中心主义的。"自我中心主义"不是我们平常所说的自私自利，而是觉得"我看到的角度就是世界的全部"。如果一对夫妻经常吵架，他家的宝宝就很有可能会认为，都是我的原因才惹得爸爸妈妈吵架的。这种心态反而像是无私地承担了一切责任（见图 1-1）。

图 1-1　皮亚杰的"三山实验"

你可能要问，"那能不能想办法让孩子更好地理解别人呢？"答案是：可以！在皮亚杰的"三山实验"之后，心理学家休斯又做了一个实验。（Donaldson，1978）他们让 3～5 岁的孩子坐在一个正方形平面木板前，这个平面被隔板分成了 4 个区域，他们让孩子们居高临下地向下看（见图1-2）。在正方形木板一边放一个玩具警察，再把一个娃娃分别放在隔板分成的 4 个区域里。然后问孩子，"娃娃在哪里的时候警察可以看到呢？"30 名 3～5 岁的儿童在 10 次实验中，有 9 次都答对了。因此，心理学家认为，想要这个时期的孩子能够更好理解别人的观点，就必须让他们完成比较熟悉的任务（警察和娃娃比较熟悉，而三座山很陌生），而超出孩子理解范围时，他们都只能以自己为中心来理解了。**如果你想要孩子更好地理解妈妈，可以在各种游戏和故事当中进行角色互换。**

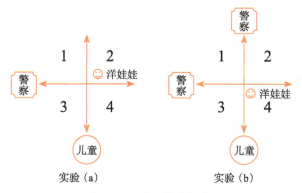

图 1-2　娃娃和警察的实验

（a）儿童必须要决定洋娃娃躲在1、2、3、4的位置，左边的警察是否看得到。

（b）在后一个实验中，有两个警察，然后，让儿童来决定，洋娃娃藏在何处才能够不被任何一个警察看到。学前儿童没有什么困难就能做出正确决定。

比如，你跟孩子玩过家家，你让孩子当妈妈，让一个娃娃光着脚，然后说："现在是冬天，天气很冷了，你觉得光着脚的娃娃会怎么样啊？你是妈妈，你应该做什么呢？"然后把娃娃的袜子放在旁边。很有可能，她就会给娃娃穿袜子。多在游戏中模拟父母的身份，孩子更容易站在父母的角度看问题。

B2：不理解守恒

除了容易以自我为中心外，孩子们思维的第二个局限是，还不能理解"守恒"概念。也就是两个物体，如果只是外形上发生了变化，质量没有增加和减少，那么两个物体仍然是相等的。皮亚杰就曾经做过很多这样的实验。他给一个叫蒙蒂西的小男孩展示了两个相同的透明玻璃杯，这两个杯子都是那种宽且矮的式样，里面装有相同数量的水。然后就问这个小男孩："这里面的水是一样多的吗？"蒙蒂西说："是一样多。"接着，皮亚杰当着孩子的面把其中一杯水倒进了一个高而窄的杯子里，后来还让蒙蒂西亲自操作了一遍。再问他说："现在两个杯子里的水，是一样的，还是哪个更多一些呢？"蒙蒂西非常坚定地回答更高的那个杯子水多。其他的小朋友有的说高的那个多，因为杯子高一些；另外一些说，宽的杯子多，因为杯子大一些。几乎没有人说，两杯水一样多。但是孩子们明明看着两杯同样的水，倒进了形状不同的杯子，如果他们会反推的话，想象新杯子的水倒回原来的杯子就明白了。所以，这证明这时候孩子的思维具有不可逆性。有一个爸爸曾跟我说："我家孩子上一年级了，我问他一斤棉花和一斤铁哪个重，他跟我说铁重，我说错了，他还跟我争。你说我家孩子是不是有点儿笨啊？"我说这一点儿也不奇怪，你等到他二三年级的时候再跟他讲这个问题，他就基本可以明白了。

B3：有生命或无生命

学前儿童的第三个思维局限，表现在他们区分有生命和无生命的事物时有困难。你认真观察就会发现，孩子会跟玩具对话，甚至会小心翼翼地轻拿轻放，好像生怕弄疼它们一样。而这很有可能是因为孩子认为这些玩具是有生命的，所以如果你扔了他们心爱的娃娃、机器狗什么的，他们会伤心好久。皮亚杰曾经问过很多幼儿："风和云彩是有生命的吗？"有的孩子说云有生命，风没有；有的正好相反。孩子们喜欢把所有的事物都看成是有生命的，心理学家称之为"泛灵论"。这也可以解释，为什么孩子们拿着一个物品可以自言自语玩很久，但晚上他们也可能害怕一顶帽子或者一条围巾什么的。后来也有人质疑皮亚杰的理论，他们发现如果给孩子呈现差距比较大的物品，比如说人和石头，他们是可以知道人是有生命的，而石头没有。之后，又有心理学家发现，这种泛灵论，特别受文化的影响。

比如说，以色列的儿童会通过一个东西能不能吃来判断它是不是有生命，而美国的孩子则会观察它们是不是能呼吸、在生长来判断有无生命，但是日本的儿童却是彻底的泛灵论,他们会认为所有的东西都是有生命、有情感的,包括石头和椅子。(Hatano,1993)所以,你去日本看到大批的国民去祭拜一个石头,也就不会觉得奇怪了。

本节为大家介绍了学龄前儿童的三个思维局限性:自我中心、不懂守恒和泛灵论。我的目的还是一样,要促使你更好地理解孩子的各种童年心理发展现象,也让你不再只从自己的角度去主观判断孩子的行为,从而提出他们做不到的非分要求。如果你一定要让孩子做那些他们做不到的事情,孩子痛苦、家长挫败,这都是因为我们的养育不合乎"道"。从本质来说,儿童心理学就是一种"道",而所有的父母,都是修道之人,修的是"儿童心灵成长之道",也是"自我心灵成长之道"。

有效提高孩子智商的"六脉神剑"

不能让自己的孩子输在起跑线上,相信是大部分父母心中坚定的信条。孩子还没到上学年龄,拼音班、识字班、速算班倒是报了一大堆,他们坚信超前教育能够让孩子更聪明。

真的是这样吗?我们先来看一个心理学实验。

美国北卡罗来纳大学研究者随机抽取了175个家庭,把其中的儿童随机分成两组,一组父母按照常规方式进行养育,另一组则从孩子出生3个月时就开始进行超前教育。之后,每15个月测验一次。研究结果发现,在小学三年级之前,接受超前教育的孩子智商平均高出15点。好像超前教育还真的挺有用,事实真是如此吗?

研究者们继续跟踪研究后发现,拥有这种智力优势的儿童,在进入小学四年级后,就开始逐渐丧失了这种优势。(Ripple et al.,1999;Zigler & Styfco,1993,1994)而接受父母常规方式养育的孩子智商基本都赶上来了,部分甚至超过了实施超前教育的孩子。

这个实验是不是有点让你大跌眼镜呢？

那为什么会这样呢？

因为超前教育获得的优势，完全是靠人为的力量，通过强制训练获得的，所以它只是一种泡沫优势。更严重的是，过早地对儿童进行专门化的训练，是以牺牲、丧失或抑制其他方面的发展为代价的，得不偿失，往往会破坏儿童身心的和谐发展。

媒体曾报道过一个"神童"的故事：武汉的一位妈妈为了不让孩子输在起跑线上，5年内花了12万给儿子小杰报了17个培训班，小杰5岁时就学完了小学二年级的课程，小托福考试考了全国前三名。据了解，孩子每周只能休息半天，每天都要学到9点才回家。小杰上一年级时成绩非常优秀，觉得老师讲的都很简单，反而认为其他同学都是笨蛋。到了二年级时，小杰的成绩却开始下滑，从班里的尖子生变成了中等生，渐渐地，他开始厌学、不写作业、上课走神。

所以，超前教育不仅不能提高孩子的智力，甚至会带来严重的危害。

这个时候，你们肯定会疑惑，那到底还有没有提高孩子智商的靠谱方法呢？回答这个问题之前，我们先来看看是什么决定了孩子的智商？

目前心理学家公认，决定孩子智商的主要有三个因素：父母的基因、家庭教育和外部教育。其中外部教育包括：学校教育及所有的培训班、兴趣班等。说到这里，我想可能有一大部分的家长会认为外部教育更重要。因为我发现很多家长把孩子放到幼儿园，经常会说这样一句话："老师，我把我家孩子都交给你了，拜托你一定好好教他。"

这种想法对吗？关于这个问题，美国的心理学家就做了实验，研究人员把那些家庭教育水平比较低的孩子，在学校进行了系统训练。（Ripple et al., 1999, USDHHS, 2003b）他们发现这些家庭教育水平比较低的孩子，经过干预之后，会比那些同等条件下不干预的孩子智商更高，所以这证明了学校教育还是很重要的。同时还有另外一个结果，把这些家庭教育水平低、受过干预的孩子，和那些家庭教育水平高、没有受干预的孩子去比较，发现那些家庭教育水平高的孩子，他们的智商要显著高于前者。很明显，最后一个实验结果表明，家庭教育比学校教育更加重要。

学龄前真正能提升孩子智商的靠谱方法是：加强家庭教育！

对此，我根据哈佛大学制定的智商培养6大标准，结合中国家庭的实际情况，进行了修改。

1. 在孩子0～3岁的时候，要多对孩子进行亲吻和爱抚。

为什么这些动作会有用呢？因为频繁的身体接触能够有效刺激孩子的大脑，并且建立一个爱的反馈。心理学家哈洛的恒河猴实验发现，爱的本质其实是拥抱、爱抚而非奶水和食物。

2. 鼓励孩子探索环境，让他对各种事物进行尝试。

尝试就意味着会犯错，如果他犯了错误，不要盲目指责，特别是不要取笑他，比如说孩子拿东西没有拿好，掉到地上了，有的家长会说："你怎么连这个都拿不好，笨死了。"或者干脆什么都不准摸、不让碰。孩子受到了这种打击后，可能就再也没有动力去尝试类似的事情了。作为父母，一定要谨言慎行。

3. 对孩子提出的问题进行耐心的解答。

我们都知道孩子的问题很多，比如说："妈妈，为什么树叶是绿色的，花却是红色的呢？""为什么鸟可以飞，我们人却不能飞？"所有这些问题都是孩子对世界的探索。在2001年，心理学家就做了这样一项研究，他们发现，在孩子越小的时候，及时给予越多的回应，等到了青春期，他的智力成绩和老师对他的评价就越好。

4. 亲自教孩子生活的常识。

比如说认识物品、怎样去对物品分类，包括一些生活事务的指导，怎么吃饭，怎么穿衣服，怎么系鞋带等。记住一定不要把这些事情交给老师去做，而是爸爸妈妈要亲自陪着孩子做。因为在这个过程中，父母不仅仅是教会孩子生活技能，更多是能够跟他们建立良好的亲子关系。

5. 尽量多地和孩子进行语言和非语言的沟通和交流。

这里跟前面第三点不同的是，不仅仅是回答孩子的问题，而是要促进他和你的互动。比如你可以设计一些小的文字游戏、故事角色扮演等。

除了语言方面的刺激，非语言的刺激也是必要的。比如你可以亲自教孩子唱歌，当他还不怎么会唱的时候，你可以让他只唱一个字，或者一个音。比如说一闪一闪亮晶晶，你就唱："一闪一闪亮晶"再等着他把后面那个"晶"字唱出来。当他更熟练的时候，你们可以一人唱一句，或者一人唱一首歌。

6. 对学龄前的儿童取得的任何一个小成就，进行有仪式感的表扬。

这一点可能是最容易被忽视的，比如，他第一次自己穿好衣服，第一次可以自己吃饭，你就要非常郑重其事地表扬和庆祝，甚至给他一些奖励。别小看了这个动作，哈佛大学将其作为6点建议中最重要的一点。因为对孩子而言，每一个小技能的学习都是他生命中意义非凡的里程碑。

> **总结**
>
> 虽然我前面介绍了6点建议，但从原则上来说其实很简单：第一，要多和孩子进行身体接触；第二，多陪伴、勤指导、耐心交流；第三，鼓励探索，积极评价，不取笑、不指责。

为孩子挑选兴趣班，谁说了算

我经常会收到这样的问题。

例如，朋友发了张照片给我看，是她儿子不愿意练小提琴、生气嘟嘴的样子。她着急问我："托德老师，应该怎么办？我已经交了一学期学费了啊！"

我问她："在报班之前，你搞清楚孩子究竟适合学什么了吗？"

朋友说："拉小提琴以后能加分啊，身边很多家长都送娃去学了。"

说得也没错啊！我们也是为了孩子未来好嘛！那这位家长做对了吗？

现在父母送孩子去"兴趣班"通常分为三种类型。

第一种是"撒网型"，"宁可错学一千，不肯放走一个"：既然不知道孩子适合学什么，那就给他多学一些东西：英语、围棋、跆拳道、钢琴、绘画……一个个轮流来，艺多不压身！

第二种是"补强型"，专挑孩子的弱点，孩子什么不足学什么。于是就出现了：活泼好动的孩子，一定要去学围棋、书法来让他安静一点；明明喜欢独处、安静的孩子，反而要他去上少儿口才班。

第三种家长，跟我朋友一样，属于"功利型"，他们会收集各类学校培训加分的资料，哪种兴趣能加分就让孩子学哪种。打听到某国际学校黑管能加分，立马给孩子报了个黑管班。

其实，这三类家长不知道，这些都是很低效的培养法。因为这些兴趣都是父母替孩子选择安排的，都不是孩子自己的兴趣，还可能是他的能力弱项。孩子到了培训班，不喜欢加不擅长，一旦落后，积极性就会被打击，可能就会用各种捣乱和违规来对抗父母。

那孩子选择兴趣班到底谁说了算呢？**我要告诉你：智力说了算。**

哈佛大学的加德纳教授就提出了一个"多元智力模型"[一]，如果你明白自己的孩子属于哪种智力的优势儿童，你就可以很轻松帮孩子找到兴

[一] 多元智力理论是由美国哈佛大学教育研究院的发展心理学家霍华德·加德纳（Howard Gardner）在1983年提出的，认为人类的认知领域或知识范畴存在着相联系的7种智力（后增加到8种）。

趣班。

一个孩子的基本智力类型可以分为7种，分别是：语言智力、数学逻辑智力、空间智力、音乐智力、肢体运动智力、人际交往智力、自省智力。

如果你的孩子喜欢把正话反着说，自己创造一些词语，同时也喜欢诗歌、阅读和写字，那他很有可能在"语言型智力"上具备优势。这样的孩子习惯用语言文字来思考，大胆让他参加阅读、演讲、话剧之类的培训，他们会很喜欢，也会很有自信。我回想自己：小时候就很喜欢表达和诗歌朗诵，于是父母就让我参加各种演讲比赛，送我去做儿童节目主持人。我当时也非常享受这个过程。后来，我虽然没有成为专业的电视主持人，却成了一名儿童心理学的科普教育者，也能够享受教学的过程。这样看来，能力真是一以贯之啊！所以，在儿童时期为孩子选对方向非常重要！

如果孩子特别喜欢你出数学题考他，或者对计算类游戏很痴迷，比如，喜欢和你比赛玩加减乘除24的游戏，那就说明他的长项是"数学——逻辑思维型智力"，他是靠推理来思考的，所以少儿编程、乐高机器人、棋类等培训班是非常适合他的。因为他天生具有逻辑思维能力上的优势，自然能轻易地在高难度逻辑推理项目中胜出。

如果孩子特别喜欢拼图、设计、随手涂鸦，会反复看绘本里的插图，迷恋迷宫类的游戏，这就说明他是属于"空间思维型智力"，擅长运用意向和图像来思考。对这样的小朋友来说，素描、剪纸、乐高培训将极大激发他的潜能。同时，多带他去美术馆或去看漂亮的建筑，这些画面感比较强的活动很适合他。

如果孩子平常会不自觉地哼唱歌曲，一首新歌只要听过几遍就会了，唱的调也很准，那他很可能在"音乐型智力"上具备优势。这样的孩子喜欢通过节奏旋律来思考，有时候即便是在走路，也有非常明显的节奏感。我的好朋友朱丹老师的女儿就有一种特殊的能力叫"绝对音感"，就是无论在钢琴上弹哪个音,甚至任何一个和弦,她闭上眼睛就能准确说出听到的音高。这种能力经常被作为判断一个孩子能否成为音乐家的天赋标准。要是你发现孩子有这种能力,千万不要错过,赶快送他到专业的音乐老师那里去。他的进步速度一定会非常快,而且也更容易感到快乐。

如果孩子平常根本坐不住,总是喜欢户外活动,各类体育项目都想要参加。就算待在家里,也喜欢建造东西,说话的时候手舞足蹈。去到游乐场,过山车、海盗船都坐得很开心,一点都不怕。那不用说,他一定属于"肢体运动型智力"优势儿童。这样的孩子天生喜欢从运动中获得快乐,哪怕是那种在别人看来简单枯燥的运动,他都会觉得很有意思。这时候,大胆地送他去学游泳、羽毛球、跆拳道、足球,他一定会喜欢。

而如果孩子特别喜欢和其他小朋友一起玩,不喜欢一个人独处,而且只要遇到问题,他的第一反应就是请别人帮忙;当然,如果看到别的小朋友有困难,他们也会主动上前帮助他们。只要在人群中,他就会觉得自在开心,像是俗话说的"人来疯",那他就非常有可能属于"人际交往型智力"优势儿童。这类小朋友更擅长思考他人回馈的信息,并做出准确的判断。所以,你如果有这样的宝贝,他也许天生就是做团队领袖的最佳人选,各种假期夏令营、游戏营将是不二之选。

最后一种孩子和"人际交往型智力"优势儿童正好相反,他非常喜欢独处,不容易冲动,不喜欢喧闹场所。但是仔细观察却能发现,他非常善于总结,做事谨慎,并且愿意通过各种途径了解自己的优缺点,这种孩子就属于"自省型智力"优势儿童。这类小朋友是通过深入自我的方式来思考问题,少儿书法、绘画、围棋、机器人、阅读班更能满足他的需求。

现在,你们就可以仔细比较一下,自己孩子在这7种智力当中,到底是属于哪一种优势类型的儿童、适合什么样的兴趣班。

值得注意的是,即便是孩子在某一项智力中有明显优势,也并不意味着他的其他智力就不好。很大一部分孩子是可以同时具有几项优势的，只是其中一种智力特别突出而已。

回顾之前的三类家长，他们最大的问题就是，根本没有站在孩子的角度来考虑问题，而只是从自己的角度来考虑：我认为、我希望孩子是什么样！但是，父母如果强行这么做，就是在和儿童的天性对抗！即便强行扭转了孩子的兴趣，培养的也可能是一个不快乐的人。

所以，父母在为孩子选择活动、报兴趣班的时候，别去问其他家长：你家孩子学了什么，也不用问老师，更不要太功利，非加分的兴趣就不学。

只需仔细观察孩子以上7个方面，他究竟最享受哪种活动、喜欢哪种思考方式。一旦发现，顺水推舟、顺势而为，快乐而高效的素质培养就这么自然地开始了！

怎样提高孩子的记忆力

童年早期（1～3岁）

每当我看到有父母批评自己的孩子："跟你说了几遍的事情，你怎么一下就忘了？""一首唐诗背了一下午还背不下来，你到底有没有认真背？"我都会忍不住像唐僧一样，上前去做科普："这位妈妈（爸爸），你们这么说是有问题的……"然后我就会花几分钟时间，来给他们讲6岁以前的孩子记忆是怎么发展的。

那么，那些批评自己孩子记性不好的父母，他们到底错在哪里了？究竟有什么办法能够让3～6岁的孩子在记忆力方面发展得更好呢？

我觉得我们中国的父母对儿童的记忆训练应该在全世界都非常超前，《三字经》《千字文》《唐诗三百首》这些都是孩子们小时候的记忆训练材料。所以，家长们总会以孩子能够熟练地背多少首唐诗而感到骄傲，把这看成是学习能力强的标志。那是不是意味着我们每个家长都应该在孩子6岁之前就开始刻意地训练孩子的记忆力呢？

3～6岁孩子的记忆有两个特点，第一就是**"鸡毛蒜皮记得住，事情要点忘得多"**，孩子在这个时候的记忆力要比那些已经上小学的孩子差很多，特别是三四岁的幼儿，他们只会关注事物的细节，但却非常容易遗忘事情的要点。比如说上周末孩子去姥姥家玩，他跑到树林里摘了许多酸枣，一周后，你再问他，可能孩子会把时间、地点都忘记了，而只记得摘酸枣这件事情。

另外一个特点就是**"有心训练记不住，无心插柳记心中"**。可以说"无意识记忆"构成了学前儿童学习的基础。什么叫无意识记忆？也就是说，他们无意中听到的、看到的、感受到的内容，是他们最能够记得住的。那种要经过努力才能记住的东西，他们则会表现得比较抗拒。所以，你越是正儿八经地让孩子坐下来，认认真真地记东西，效果越大打折扣。但是在玩、唱歌、看电视的时候，有一句什么台词、广告词，他一下子就记住了。

6岁前的孩子"有意识的记忆"都比较短暂，他们会很容易忘记几周前所做的事情，所以不能在这个时候对他们能记住的内容提出过高的要求。

为什么会这样呢？

认知心理学家发现，我们人类一共有3种记忆，它们分别叫作"感觉记忆""工作记忆""长时记忆"（见图1-3）。

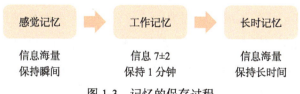

图1-3 记忆的保存过程

感觉记忆是我们大脑信息的临时储存器，它保持的时间在1秒左右。人最先发展的就是这种记忆，就算是那种很小的婴儿，他们的感觉记忆能力基本上也和成人一样。但为什么婴儿记不住太多东西呢？因为虽然感觉记忆的容量非常大，我们所有看到、听到、摸到、闻到的东西都可以储存，但是它的时间太短了。只有这些海量信息经过加工和编码才会进入到另外一种记忆当中，我们称之为工作记忆。

工作记忆是我们大脑短时的储存器，它能够保持1分钟左右。这种记忆非常重要，因为它可以保证我们能够专注于当下能感受到的关键信息。比如你的一个新朋友对你说，他家的电话号码是8833445，你听到的这个信息就会储存在你的短时记忆当中，如果你不用笔记下来，或者运用一些记忆策略去强化它，一两分钟以后你就会忘记这些数字。我们的工作记忆受大脑发育的影响，科学家发现人的工作记忆存在于大脑的前额叶皮层，但是这个脑区比别的脑区发育得更晚。这就意味着，年龄越小的孩子，工作记忆水平越低。4岁的孩子一般只能记住两个数字，到12岁的时候，也就能记住6个数字。所以，小学开始训练孩子背乘法口诀表、背课文是符合发展规律的。如果你认为在孩子6岁前提前训练他背这些东西，能够让孩子领先的话，就大错特错了，这么做带来的可能只有挫败感。

工作记忆的内容反复出现，就能进入到我们的长时记忆当中。这种记忆就像是我们现在使用的云盘一样，几乎拥有无限的容量，保存的时间也非常长。一旦信息进入到这个区域，可能你永远都不会忘记。

听到这里，有人可能要问，你说孩子的记忆只受他们的年龄影响，那是不是意味着记忆的发展就只需要顺其自然就好，到时候他自然就会记得住了？并非如此，在生活中，我确实看到孩子们之间的记忆力是有差别的，有的就好一些，有的就容易忘事情。有没有一些方法能够让孩子们记性更好呢？

有的，影响 3～6 岁孩子记忆力的因素有三个。

1. 事件呈现的独特性。

儿童记忆研究权威专家尼尔森说："孩子只能记住那些印象深刻的事件。"（Nelson，1993b）也就是说这件事情必须要有特点地出现在孩子们的面前，而不是平淡无奇的。你想要孩子记住英文字母，那就应该用更大的、颜色更鲜艳的，或者是新奇的呈现方式。举个例子，当孩子学字母时，让几个孩子用自己的身体来模拟字母的形状，这种方式是他们在别的地方很难看到的，所以就容易记住。所以，无论你想让孩子记住什么，用一种印象深刻的方式来表现，就会有好的效果（当然，你不能说我打他一顿他就印象深刻了，这只能让孩子记住痛的感觉，而忘了你要他记住的东西）。

2. 孩子有没有亲自参与。

对于那些学龄期的孩子，只要是听说过的事情就能记住，但是学龄前的孩子必须要亲自参与、感受，才可以记忆深刻。这就是为什么多带孩子外出长见识有助于他们记住更多的东西——想要记住动物，不要光看图片，还要去动物园看一个个活的动物；要记住车标，你就可以开着车让孩子们往窗外看，并且一个个地教给他们。这比光看图片效果要好得多。（Marachver，Pipe Gordon，Owens，& Fivush，1996）

3. 父母是否懂得使用精细谈话风格。

什么是"精细谈话风格"？说得简单一些就是"懂得让孩子做选择题，而不是填空题"。比如说："宝贝，你还记得上次我们是怎么去海洋馆的吗？"如果孩子答不出，我们可能会继续说："我们是坐什么去的呀？"这就是重复性的谈话风格，是做填空题，而如果你说："我们是开车去的、骑自行车去的还是坐飞机去的呀？"这就是精细谈话风格。因为 6 岁前的孩子，很善于去再认信息，而不是回忆具体的内容。心理学家约瑟和海顿发现，如果你从孩子3岁的时候开始用这种方法来和孩子谈话，他们长到5岁的时候，记忆力会更好。（Resse，Haden，& Fivush，1993）

总结

> 3～6岁孩子的工作记忆容量比较小，对他们不要提过高的要求，越是用一种轻松随意的方式去学习，他们的记忆效果越好，而独特的呈现方式、亲自参与以及用精细的谈话风格都有助于孩子记忆力的发展。还有一个非常重要的研究结果——在这个年龄阶段，由父母特别是妈妈带着参加游戏的孩子，比他们自己玩或者在幼儿园、早教机构更容易记住东西。

这让我们觉得，不管是科学实验，还是研究方法，都是在强调一个问题——陪伴，才是最好的早期教育。

童年中期（3～6岁）

我们在前面讲了3～6岁孩子记忆发展的问题，给的建议基本上都是针对家长的，而我并没有教给孩子们任何记忆训练方法！为什么呢？

因为这时候的孩子基本不需要训练，可以说时候还没到，过早的训练反而会拔苗助长。但孩子上小学以后，你就可以把以前那种"无为而治"的方针向"刻意训练"的方向转移。因为上小学以后，孩子才进入记忆策略培养的"黄金时代"！

到了这个时候，孩子们对信息加工和保存信息的能力稳步提高。儿童大脑当中一些多余的神经突触开始逐渐被修剪，这会导致他们大脑的加工效率提高，工作记忆的容量增大，他们可以更好地进行回忆，而且，儿童这个阶段的思维也变得更加复杂，水平也更高，所以也能够开始对记忆的过程进行深刻的理解，并且这个时候他们开始学会使用记忆策略和技巧。

你记不记得，在我们读小学或者中学的时候，总有些同学的记性特别好，老师随便布置什么背诵作业，他们总是能够准确无误地背出来。因为记性好，所以他们的成绩也非常棒，他们也是那个时期的"人生赢家"。更可气的是，他们还总是在同学面前摆出一副"我天生记忆力好"的样子，让那些记单词、背课文的困难户只能羡慕、嫉妒！我在小学的时候，其实也是困难户当中的一员，直到有一天我发现了那些"好学生"的秘密！我发现他们中有一些在书包里面藏着有关记忆策略的书，有几个还专门参加了记忆法的训练学校。

于是，我恍然大悟："哦！原来好记性的孩子都是'心机娃'！"

所谓天生的记性好和记性不好，说的是孩子们"工作记忆"容量的大小，也就是你在专注的时候能保持多少信息在你的脑海里。比如"工作记忆"容量大的孩子，可以轻松地记住一个手机号码，而容量小的孩子可能只能记住一个 7 位数的座机号码。但是这种差距，大多数可以被后天学习的记忆策略所弥补。也就是说，记性这东西，绝对是"勤能补拙"的！所以，接下来，我就要告诉那些对自己记忆力不自信的孩子 5 条记忆策略。

人类第一个研究记忆的心理学家叫艾宾浩斯[○]，他在 1885 年做了一个经典的实验：他让人们去记住很多组完全没有意义的音节。要记住这些东西，基本上只能死记硬背，我们称之为机械记忆。结果艾宾浩斯发现，如果人们第一天刚刚能够记住所有的材料，24 小时后就会忘记超过 60%，但是随着时间的推移，他们忘记的速度会变得越来越慢。到了 1 个月以后，他们即使不复习，也可以保留 20% 以上对材料的记忆。这也就告诉

○ 赫尔曼·艾宾浩斯（Hermann Ebbinghaus），德国心理学家。艾宾浩斯一生致力于有关记忆的实验心理学研究，在 1885 年出版了《关于记忆》一书，提出了著名的"艾宾浩斯遗忘曲线"，这一成就也令他成为与冯特齐名的心理学家。

了我们，遗忘是先快后慢的，如果要让记忆保持，就必须在学习后的48个小时之内及时复习，这个时候的巩固效果是最好的，而艾宾浩斯还发现，如果想要把这些材料记得更牢靠，需要采用一种叫作"150%过度复习"的方法。就是说如果你背10遍能够背出一篇课文，你就必须再多背5遍，达到刚好记住的150%，这个时候的记忆效果是最好的。你是不是有这样的经验？明明可以完全背出来的课文或者单词，一到老师抽查就又忘了一些，这就是因为，你没有采取150%过度复习法。可能有的人还会问，那为什么是150%而不是多多益善呢？因为实验发现，记忆的次数超过了150%以后，再努力也不能提升记忆的效果了，有时候可能还会起反作用。所以，心理学家总结的第一条记忆策略就是：48小时之内及时复习，然后采用150%过度复习法。

这是不是就够了呢？不够。因为以上说的方法，都是针对机械记忆，也就是死记硬背的方法，而在学龄前，孩子最大的本事是对信息的整合和理解记忆，所以心理学家又研究出了一些更高级的记忆策略。

高级策略的第一招叫作"编码特异性"，就是说如果你要回忆起那些你已经学习过的内容，最好保持记忆时候的背景。打个比方，你现在需要默写单词，如果你默写的状态和你记单词时所处的环境、身体感觉高度一致的话，那么你提取单词记忆的效果就会更好。

心理学家做了一个很极端的实验，他们让潜水员带着呼吸器到水下去学习一些单词的序列，记完以后过一段时间，去测试他们对单词保持的记忆。（Gooden & Baddelay，1975）有一部分人是在教室里测，而另外一部分人则再次穿上潜水服进行测试。结果发现，当这些人穿上潜水服，也就是他们记忆的环境和回忆的环境保持一致的时候，成绩提高了50%。所以，从此"编码特异性"就成了我们高级记忆策略当中的一种。那我们具体怎样运用呢？当我们要记忆一些内容，比如背演讲稿时，我们可以边背边放轻音乐，在音乐当中进行记忆，而一旦你登台以后，也保持同样的背景音乐，这就可以提高你的记忆提取能力。再比如说，你明天就要考试，今晚你要对这一科进行复习，你也可以设置特殊的背景。音乐可能不行，因为考试不能听音乐。这个时候，你可以在房间当中放一个香袋，滴上薄荷或者甘菊类的精油，让你在整个复习过程中，都能闻到这样的香气。等到明天考试，你把这个香囊带上，当你觉得记忆提取困难的时候，拿出来闻一闻，就可以回忆起那些卡壳的知识。所以这种记忆法的诀窍是怎么记忆就怎么提取。

除了这种方法以外，第二种方法适用于学习。我们记忆材料的时候，会存在一种叫作"系列位置效应"的现象。也就是说，我们往往更容易记住材料的最开头部分和结尾部分，中间往往是最容易忘记的。如果我现在让你想一想你背过的英语词汇表，你是不是对 A 和 Z 开头的部分可以脱口而出啊？A，abandon，abate，Z，Zeal，Zero。但是如果要问你中间的字母，是不是就记不住了？

心理学家发现，我们之所以能够记住头尾的内容，是因为头尾的内容比起中间的内容，都少了一些干扰。我们最开始记的东西只会受到后面材料的干扰，最后学的也只会受前面信息的干扰，而中间的内容，则是被两面夹击，更容易混淆。所以，利用这个规律，我们就可以对复习方案做一些调整。你复习一系列内容的时候，要刻意地加大中间部分的复习力度，要拉长中间部分单元之间的间隔时间。比如说你背一个单词需要 20 秒，单词总数 50 个，等你背到第 15 个的时候，就应该刻意地把每个单词的记忆时间增加到 1 分钟甚至更长，这样你可以保证能更好地记住薄弱部分。另外，每次复习的时候，不要用同样的顺序来复习，尽量把顺序打乱——昨天从头开始，今天从中间开始，明天从最后开始，这样就可以把系列位置效应的弱点降到最小。

第三种高级方法叫作记忆的深度加工，就是说你不仅要记忆一段材料，还对它进行整理、分类、复述，这样，你对内容的记忆会变得非常非常深刻。比如说，这本书的内容很多，我从头看到尾，看了后面的忘记了前面的，好像顾此失彼。这个时候你就可以用思维导图，把整本书的知识点都进行归类，哪几章讲的其实是一个内容，哪些概念之间是有联系的。经过加工以后的信息，会不知不觉变成你的"内隐记忆"，也就是那种随时可以自动提取的记忆。所以，深度信息加工可能是保持记忆效果，考出好成绩最实在、最靠谱的方法了！你可能对具体的操作方法还不是很理解，我告诉你一个简单的方法：如果你想牢记复习的内容，你就要做一个小老师，讲给别人听，当你能讲给别人听的时候，你就对知识掌握得差不多了。现在最流行的翻转课堂教学法，采用的就是这个学习原理。

最后一个方法算是一个小技巧，我觉得在考试的时候特别有用——元记忆。元记忆指的是你对记忆的直觉，也可以说是你对记忆的记忆。比如说你在考试当中，有五道论述题，可能都是需要背的。你看了看所有的题目，感觉前三题你记得，已经背过很多遍，而后两道题你不确定自己记得还是不记得。这个时候你应该怎么做呢？坚决先放弃后面两道题，集中精力把前面三道认真做完。心理学家做过实验，发现当我们感觉自己对某部分的记忆很清晰的时候，那你提取的信息也一定有很高的正确率；而一旦你不确定某些记忆是否可靠时，那它真的有可能不可靠。

以上这些对于孩子有什么价值呢？太多了，比如你可以和他讨论什么时候做作业效果是最好的，是适当安排作业量还是纯粹的题海战术，怎么去选择复习的顺序和重点，以及让他提高成绩的一个独特方法是让他做一个小老师，把自己学到的知识讲给你听。

儿童游戏其实就是学习

我们都听说过，6岁以前要让孩子多玩游戏，少去参加那种正儿八经的学习班。但是，如果谈到更加细节的方面，比如3～6岁的孩子应该玩什么游戏，怎么去玩？家长们可能就不太清楚了！可能你只会去打听别人家的孩子在玩什么，买了什么玩具，那我至少要做到不比你差。但是按照儿童心理发展的规律来说，什么样的游戏是比较适合的，每种游戏有什么意义，都是值得我们去了解和学习的。下面我就跟大家来聊聊这个问题：

1. 什么年龄应该玩什么样的游戏？
2. 孩子们一起玩一定比一个人玩要好吗？
3. 在玩游戏的时候，要注意什么呢？

一说起游戏，可能我们大多数的家长都认为：就是"玩"呗！孩子想怎么玩，我给他提供条件不就好了！其实，如果你看过蒙台梭利的《童年的秘密》就会知道，游戏对于孩子来说不是玩，而是他们的工作，是儿童探索世界和全方位发展的重要活动。他们可以通过游戏来训练自己的感官，学习如何使用肌肉，协调运动当中的视觉与身体的配合，并且习得新的生活技能。打个比方，如果你在跟孩子玩搭积木的游戏，当他跟你说"我搭得比你高"的时候，他就开始形成数字比较的概念了；如果你带孩子到海边去玩，你们一起用沙子堆城堡或者挖隧道，他跟你说"我来挖这边的隧道，你把那个房子建好"，这表示他在学习社会技能。所以，这个时候，你一定要给予他充分的机会，让他自己去体验和发挥，千万不能用你所谓的好与坏的标准去判断。

我曾经看到过一位家长带着一个小女孩在玩消消乐的游戏。这位家长总是在说："宝贝，点这里，就可以消除得多一点儿。那个不对，是这里，你听到了没有？"结果弄得小女孩非常不高兴，有几次都要哭了。这其实就是在阻碍孩子的工作。孩子玩的结果好与坏，根本没那么重要，重要的是他有学习和进步的机会。我记得我自己小时候，就曾经在家里干了一件这样的事情。我把家里的白糖，放在锅里，舀了几勺水，然后加热去煮。结果把家里的一大罐糖都煮成了糖糊糊。按照当时的标准来说，我犯了一个错误，浪费了食物。但我父母当时并没有骂我，而是问："你为什么要

这样做呢？"其实，我是看到了校门口画糖画的艺人可以用糖画出很多漂亮的龙、蝴蝶之类的画，我也想试试。我父母知道这个原因以后，还是肯定了我的创新精神，不过告诉我这种白糖是做不成糖画的。这里说的是我们对游戏应该抱有的态度。

从时间上来说，儿童的游戏会经历四个发展过程。

第一种，也是最简单的游戏，称为功能性游戏。这种游戏从婴儿时期就开始了，它是由重复性的肌肉运动形成的，宝宝用手反复地上下挥动，把球从这一头滚到那一头，或者拍皮球，都属于功能性游戏。一般来说，3岁之前的小朋友都以这种游戏为主。

等他们成长到3～5岁的时候，原来那种动动身体的游戏就没那么有吸引力了，他们会更倾向于**借助工具或者玩具来游戏**，比如说搭积木或者用蜡笔画画之类的。年龄越大，他们的游戏作品就会做得越精细。

到了五六岁，随着儿童语言的发展，他们又会开始痴迷于**第三层次的活动，即假装游戏**，例如，一个小女孩抱着小熊说："乖，熊宝宝，妈妈会照顾你的。"或者一个男孩把家里的毯子披在身上，跑来跑去说："看，我是超人！"当你家孩子开始这样玩了，说明孩子的认知发展到了更高的水平——他们开始用符号来代替真实世界中的人和物了。这也是我们最初的模型思维，那些设计数学、物理模型的科学家都是从这时候开始启蒙的。

一般孩子上小学以后，才更适合有明确规则、有组织的"正式"游戏，比如说跳房子、下跳棋、大富翁等。我们社群有家长说："我家孩子玩游戏的时候老喜欢耍赖，输不起。"你考虑的可能是你家孩子好像不能承受挫折，要加强锻炼，但实际上，也有可能是他的年龄还不适合玩规则明确、有输赢和冲突的正规游戏，他们对规则的理解和遵循的意识还没有发展起来，所以输不起；也有可能是玩了不适合的游戏造成的。这也就告诉我们，要尽量按照孩子的年龄发展水平来安排游戏，因为超过孩子年龄水平的游戏就像是安排了过于复杂的工作一样，会造成一定的困扰。

关于游戏，大家可能还有一个问题。孩子能够跟其他小伙伴一起玩，就是社交能力强，喜欢独自玩就有可能是社交能力差，或者他们有某些方面的障碍。其实，这种固有的看法是有问题的。我们把孩子不和别人互动的形式叫作"非社会性游戏"，而把大家一起参与的游戏叫作"社会性游戏"。有很多学者认为，有一些非社会性游戏，比如说单独游戏，或者是和其他的小朋友在一起玩但互不干扰的"平行游戏"，这两种游戏方式既能培养孩子的认知、心理、社会性的发展，又能够发展他们独立的活动能力。

有两位心理学家做过这样的实验，对 567 名幼儿园儿童进行观察和评估，发现超过 2/3 喜欢独自玩耍的孩子具有更好的社会性和认知能力，并且这些喜欢自己玩的孩子更有主见以及有更高的工作效率。（Harrist et., 1997）

当然，还有一部分儿童玩游戏的时候不喜欢说话，或者是只喜欢看着别人游戏而自己不愿参加，这些孩子可能真的是因为害羞，所以还不敢参与到大家的游戏当中。（Coplan et al., 2004）但这个时候，我们一定要注意，不要主观地觉得"我家孩子不敢和别人玩"，所以我一定要让他参加才行，于是就采取了各种强制手段，有时候不但没有效果，反而会让孩子对参与活动更加恐惧。心理学家斯宾内德就发现，那些喜欢沉默游戏的孩子虽然有些害羞，但他们在社交当中并不一定会被别人排斥，而且他们会表现出更少的儿童行为问题。（Coplan, Prakash, O, Neil, & Armer, 2004）所以，不需要马上纠正孩子的这种行为。其实，站在旁边看别的孩子玩，就是他们加入的前奏，如果我们不去干预，他可能早就迈出第一步了。所以一定要记住，对儿童的游戏多观察，少插手。

如果你真的想提高孩子的社交水平的话，那就要记得在 4～6 岁这个年龄阶段，多陪孩子玩"假装游戏"，按照他们的规则来进行角色扮演。比如说你家儿子说，今天我想当爸爸，你来当宝宝，你就要和孩子配合，

扮演成宝宝的样子,然后可以做一些夸张的表演,而你家孩子也肯定会按照他自己的理解来扮演一个爸爸。这样的活动要经常进行,比如说你们可以模仿医生看病的过程,从整个挂号、问诊、开药、治疗都用模拟的形式来演绎。这个年龄段的孩子非常喜欢这种类型的活动。有大量的研究表明,经常玩"假装游戏"的孩子和那些不经常玩的孩子相比,他们的合作性更强,受欢迎程度更高,而且更容易开心。

如果你自己没有太多时间陪孩子玩,也一定要注意保护孩子的这个心理特征——"假想同伴"。到3岁以后,儿童除了在现实生活中交朋友外,有很多时候会出现一些在现实中并不存在的朋友。比如说,你家孩子一直都想拥有一只小狗,但是因为条件所限一直没能养。对于一些他想要拥有但是又得不到的东西,他就会假装自己已经有了。可能他会跟你说:"我有一只小狗,叫作小白,它就住在我们晶晶的家里。"有时候这种假想伙伴会是一个人,比如说孩子想要一个哥哥,他可能就会创造出一个假想的哥哥来。

当你发现孩子有这种假想现象的时候,尽量不要去纠正孩子说:"哪里有一个哥哥?我怎么没看见!你不要骗我了。"一个儿童拥有假想的伙伴并不会让他分不清想象与现实,而是会在一定程度上满足他那些实现不了的愿望。它们可能会分担孩子的一些犯错的压力,比如说你问:"是谁把冰箱里的冰激凌偷吃了?"他可能会说:"是小白干的!"在孩子恐惧的时候,他还会说那个假想伙伴"大笨熊"一直陪着自己。所以,我们应该做的就是假装这个角色真的存在,让这个虚拟人物一同来守护孩子。

研究表明,与那些没有假想伙伴的儿童相比,有假想伙伴的儿童会显得更加开心,而且喜欢与人合作。他们不仅不缺朋友,还有着强烈的好奇心、热情和坚毅的品质。(D.G. Singer & Singer,1990)

游戏是3~6岁孩子的主要任务,我们应该按照孩子不同的年龄来安排适合他们的专属游戏。孩子喜欢独立游戏或者是群体游戏,并不能预测他们的心理健康和社交能力。如果你希望孩子的社交能力能更好地发展，尽量多抽出时间陪孩子玩"想象类的游戏"。因为有大量的心理学实验研究告诉我们，多让孩子参与游戏，要比把他们扔给电视机有利得多！

绘本共读：让孩子的阅读快人一步

很多父母都一致认为阅读能力很重要，在我们"托德学院"的一次千人父母调研中，75% 的父母都选择了"阅读能力"作为他们最关注的学龄前孩子需要培养的能力之一。确实，在教育心理学研究中也显示，学习能力这种看似复杂的能力，90% 都是可以通过阅读能力发展培养出来的。

不过我发现，好像父母越是关心的能力，在培养过程中就越容易犯错误。在我们的访谈中，我发现了父母最容易犯的错误有以下三种：

1. 为了培养孩子的自主阅读能力，拒绝亲子共读。

一些家长抱怨："我让孩子读书，培养她的阅读兴趣，可她非得黏着让我给她读，真是烦死了。"

这种想法，简直让我觉得惊讶。学龄前孩子正是培养阅读兴趣的关键时期，孩子阅读能力的培养有一个最初听父母讲、慢慢过渡到自己看的过程。我们不能期望一个孩子不学爬和走，就会跑。所以，在孩子学会自主阅读之前，一定要有亲子共读的环节。

美国著名的阅读研究专家吉姆·崔利斯就曾说过："你或许拥有无限的财富，一箱箱珠宝与一柜柜的黄金。但你永远不会比我富有，因为我有一位读书给我听的妈妈。"

但有些家长就会说，我经常会给孩子读故事，而且还办了书店的年卡，一段时间下来，孩子却好像越来越不喜欢读书了，现在每天都像抓兔子一样把他抓来读书。

我问，那你平时都带孩子读什么书呢？

家长就会回答道:"肯定是带拼音的书啊,不认拼音就不认字,不认字怎么能读书呢?"

2. 为小学阶段的学习打基础,书无拼音不读。

拼音是为阅读服务的,无非就是一个认字拐棍和打字工具。孩子在阅读中最重要的是和书中人物一起经历种种事件,当最后迎来结局,这本书就在孩子生命中留下了痕迹。

学龄前儿童的拼音基础本来就薄弱,如果还要加上识字,一本书就只能磕磕绊绊地读下来,等到最后耗尽了精力和耐心,也就不会对阅读抱有期待了。

3. 没有互动,只是拿着书读给孩子听。

在访谈中,我们问父母都是怎么给孩子读书的?绝大部分父母都会说,就照着书上的字念。还有的父母说,我普通话又不好,怕带坏孩子,就给孩子听故事音频。

要提高儿童的阅读能力,除了需要听读之外,更要表达、分享和反馈。美国语言学家研究发现,儿童在阅读的过程中,最受益的是阅读之后的对话,这对他的大脑、语言、思维逻辑的发展更有帮助。

所以,我们不仅仅是一个讲故事的人,还要做一个提问者和善问者。

既然以上做法都是错误的,那什么才是真正能提高孩子阅读能力的方法呢?

三个方法:

1. 学龄前孩子一定要亲子共读
2. 选用合适的绘本作为共读材料
3. 在亲子共读中多进行互动

先说第一个方法,我这么强调亲子共读,那亲子共读到底有什么

好处呢？

第一个好处就是建立良好的亲子依恋关系。

在学龄前这个阶段，孩子最主要的任务之一就是建立良好的亲子依恋，提升安全感。除了多进行身体接触，如拥抱、亲吻之外，亲子共读就是另外一个建立亲密关系的方法。

第二个好处就是可以提高孩子的读写能力。

美国的克雷恩和戴尔博士做了一个研究，他们探访了大量的学龄前儿童，发现那些1～3岁经常听爸爸妈妈讲故事的孩子，在2岁半～5岁期间，就会展现出超过普通儿童的语言能力，而到了7岁就可能发展出更加强的阅读理解能力。

第二个方法，选用合适的绘本作为亲子共读材料。

很多家长可能只知道绘本很流行，但不知道为什么一定要读绘本，它跟普通的童话故事有什么不同。

绘本是文字、图片合为一体，一般都是由心理学家、作家、画家为某一个特定的主题共同创作完成，带有一定功能性。

而童话书，主要侧重于故事情节是否吸引孩子，并没有考虑更多的功能性。

同时，学龄前儿童识字还不多，绘本故事短小精悍，语言风趣活泼；画面直观形象，色彩鲜明，这些都很容易吸引孩子的注意力，也正好符合现阶段孩子的思维特点，容易激发他的阅读兴趣。

除此之外，优秀的绘本一般都很好地结合了儿童身心发展规律，对学龄前孩子的安全感建立、生活习惯培养和基本自我保护措施的习得，都有非常重要的引导作用。

第三个方法，如何在绘本亲子共读中与孩子进行互动。

在这里，给大家介绍两种常用的方法。

第一种方法是叙述型故事法，它主要针对年龄比较小，词汇量还不是

很大的孩子。操作的关键要点是让孩子进行复述。

比如，你可以翻到绘本某一页，先用自己的语言描述这一页的故事内容。然后试着让宝宝复述一遍。对于年幼的孩子，需要一些提示："宝宝，妈妈刚才说，森林里住着三只什么动物啊？""第一只小猪要用什么盖房子呢？"

采取这种填空式的复述，熟练以后，孩子就可以自己来讲完曾经听过的故事。

当孩子掌握更多词汇以后，可以采用第二种方法：对话式朗读法。操作的关键要点是：提问和角色扮演。

比如，宝宝读一页，可以问爸爸妈妈问题；接下来大人读下一页，也问宝宝问题。如果孩子在这个过程中说错了，把小猫正在捉鱼说成小猫正在睡觉，我们不用直接纠正他，而是说："宝宝你再想想，我给你三个参考提示，小猫在抓老鼠，小猫在捉鱼，小猫在玩皮球。"让他在选项中进行再认，这样孩子会更有成就感。

等到孩子对绘本故事比较熟悉时，就可以和他进行分角色朗读了。

只要使用了以上两种方法中的任意一种，在宝宝2岁半～6岁期间持续地和他进行绘本亲子共读，研究表明，孩子词汇表达能力的发展将会比普通孩子平均提早6个月，第一次独立阅读的时间也将明显提前。

总结

真正能提高孩子阅读能力的方法就是：和学龄前孩子亲子共读，选用合适的绘本作为共读材料，并在亲子共读中多互动。

我们已经了解了阅读能力提高的方法，但还有一件事让很多父母头疼不已：目前市面上绘本良莠不齐，选择什么样的绘本，才是真正适合自己孩子的呢？我自己做一个小小的推荐："托德老师"公众号有一门在线课程"绘本这么读，育儿更轻松"，其中的 L-A-D 绘本三维选书法，就能让父母轻松挑选到孩子喜欢、功能性又强的绘本，省心又省力。

既要争分夺秒，又要慢慢来

父母平时会因为育儿问题，产生很多焦虑情绪。我发现在所有父母的提问里，有 70% 左右都和他们不了解孩子正常的成长规律有关。其实儿童到了某个年龄就必然会展现出某些特质，如果作为父母提前做过功课，他们就会相对淡定地面对这个过程；如果缺乏对儿童各个年龄阶段基本特征的了解，就会很焦虑。根据我的统计结果，我发现，我们在带孩子的过程中大部分的焦虑是可以避免的！所以，我觉得大家非常有必要来学习决定儿童成长的一个重要因素：成熟！

人是一种很奇怪的动物，自己明明是从婴儿长到儿童，变成少年再发展为成年人，但是当我们成为父母以后，好像根本回忆不起来我们自己小时候是怎么过来的，对孩子的很多行为都觉得新鲜、奇怪。所以，我们每一位父母就不得不重新学习儿童是如何一步步长大的，并且站在孩子的每一个年龄阶段去理解他们。这种发展规律就是成熟的力量，如果你不懂得成熟有什么意义，不懂得孩子发展的时间表，你就会不淡定，自然也就难以避免焦虑。

不懂"成熟"力量的家长一般会有三种表现：

1. 对儿童某个年龄出现的正常发展现象感到焦虑
2. 不理解孩子有不同的发展速度
3. 喜欢用成人的行为标准来要求孩子

我们先来看第一种表现，很多父母会因为不了解儿童成长发展规律，而对孩子的一些特殊行为表示不理解，甚至愤怒。在我们的幼儿群里，问得最多的一个问题就是:"老师,我家孩子为什么一到两岁,就不像以前那样听话了。无论父母提出什么要求,孩子都会说'不''不行''我不要'。他好像在故意跟我作对一样。有时候,我会因为孩子的这种表现而打他,但好像只有当时奏效,过一段时间,他又开始跟我们对着干!这到底是为什么啊?"

如果是学习过儿童心理学的父母,就会知道,每个孩子在2～3岁期间都会出现"第一逆反期"现象,这是因为孩子婴儿时期几乎感觉不到自我的存在。成长到2岁左右时,儿童的自我意识开始飞速发展,他们开始与其他人建立边界——知道我就是我,我和你是不一样的。这种心理一旦产生,孩子就开始有自己的个性和想法,也开始维护自己的权利了,不断地跟父母说"不要""不好""不行",正是他们在反复练习用拒绝的方式来体现自我独立。其实很多时候,他们说"不",并不是因为真的想拒绝,也就是练习而已。

只有在他们满足这种练习的欲望之后,这种说"不"的习惯才会慢慢消失。但如果父母不了解第一逆反期,惩罚和强力压制的话,只会有两个结果:要么这种对抗会加剧,不断上演孩子痛哭、尖叫的混乱场面;要么就是你成功压制住了孩子,却可能会让他变得懦弱而不自信。还有一个更大的风险就是,这些被压抑的能量会潜伏起来,直到青春期的时候一下子爆发出来。那时候的威力,将可能是毁灭性的。

其实,这种不懂儿童发展时间表的家长有很多。比如3岁左右,孩子喜欢把周围的环境安排得整整齐齐、井然有序,穿衣服、鞋子都要用固定的方式来进行,要不然就会大哭大闹。有的父母可能又不懂了!我家孩子有强迫症吧?这同样可能产生冲突!但那些了解蒙台梭利敏感期理论的父母就知道,这是我家孩子到了秩序感的敏感期了,这些都是正常表现。你发现没有,懂和不懂差别很大。除了这些,还有孩子的嫉妒、恐惧、撒谎、尿床等,都有独特的时间表,你不知道就只能自己生闷气。

第二种，不懂成熟力量的家长，会为自己孩子的能力发展过于担心。

"老师，我家孩子3岁了，说话还不流利，句子也说不太清楚，你说我要不要带他去哪里检查一下？"

甚至有家长在孩子不到2岁时就开始担忧。但据我了解，只要你确认孩子的听力正常，并且发声器官没有缺陷，说话早一点儿或晚一点儿其实都没问题！我见过的说话最晚但是正常的儿童是7岁，并没有语言能力低下的问题。其实，对于儿童的语言发展，我们能做的也就是在环境中给予孩子足够的语言刺激，对他的发声给予积极、及时的回应。除了这两点，人的语言机制都是自然而然产生的，不需要我们再额外训练。

还有的人会担心自己的孩子运动发展会不会落后，这也是同样的道理。如果没有先天缺陷，幼儿并不需要额外的训练。

有个很典型的例子就是，非洲地区的婴儿因为环境的原因，会比其他地方的孩子更早学会坐、站、行走和跑。在乌干达，婴儿10个月大就会走路了；美国婴儿要到12个月才会走路，中国孩子比美国还要晚一些。（Gardiner & Kosmitzki，2005）这可能和非洲文化中很早就会鼓励孩子练习走路有关系。这种对比会让我们很容易就觉得，是不是越早训练婴儿行走，对他们的运动能力发展就越有好处呢？

有一个很极端的例子，位于南美巴拉圭东部的阿契族儿童一般要到18～20个月才开始学走路，因为他们的文化并不鼓励婴儿过早地发展动作。（H. Kaplan & Dove，1987）在他们的部落里，只要小婴儿四处爬行，他们的妈妈就会把他们抱回来，放在自己的膝盖上。他们会严格地监控孩子的活动范围，这可以保证他们远离危险。你可能要问，这么晚才开始学走路，是不是他们运动能力都很差啊？事实上，并不是这样。阿契族的孩子在8～10岁时，要学会很多高难度的狩猎技能，比如说爬树、砍树枝、扔标枪、像猴子一样从一棵树跳到另一棵。可以说，他们有高超的运动技能。这也就证明了，孩子正常的发展不需要遵循相同的进度，但得到的结果却是一样的。

不懂成熟力量的家长，还会犯第三种错误：用对待成人的标准去要求孩子。我经常听到有父母对自己三四岁甚至两岁的孩子说："你把东西给小明玩好吗，大方一点儿，你要懂得分享知道吗？"如果孩子不愿意把玩具分享给别人，父母就会严厉地批评他们："你怎么这么自私啊？快点儿，把玩具给弟弟！"结果孩子更加拼命地护住玩具，还大哭大闹。如果你强行抢走，孩子将会更加伤心。这些父母完全不理解，为什么我家孩子就没有一点"孔融让梨"的精神呢？但他们根本不知道，这种分享行为在心理学里叫作"亲社会性"，也就是为了他人的利益而采取的一种自愿的行为，而这种行为要到四五岁的时候才能逐渐展现出来，两三岁的孩子根本就没有分享的意识，他们的思维模式是"自我中心"，世界就应该是我看到、我所想的样子。这时候，你要求他们懂得分享，只能说是强人所难。

还有的父母说，我家 5 岁的孩子根本听不得坏话，只想听好话，说他不好就不高兴，而且，他对自己的评价总是特别好，一点儿都不客观。这些父母不知道，**孩子之所以在 7 岁以前特别喜欢听好话，而且总是言过其实地评价自己，是因为他们在为自己建立一个美好的形象——一个人只有对自己感觉良好了，才能发自内心地展现出自信。**只有等他们的这种需求得到满足以后，差不多到了小学二年级，他们才会慢慢地客观评价自己。但如果之前父母总是打击孩子这样的自夸需求，孩子不客观评价自己的时间就会被拉长。如果仍然得不到满足，最终就会转化为自卑。心理学家阿德勒㊀曾经说过："人生其实就是自卑和超越的过程。"为了让孩子做更好的内心建设，那些所谓的现实水平，真的有那么重要吗？

㊀ 阿尔弗雷德·阿德勒（Alfred Adler），奥地利精神病学家，人本主义心理学先驱，个体心理学的创始人。曾追随弗洛伊德探讨神经症问题，但也是精神分析学派内部第一个反对弗洛伊德的心理学体系的心理学家。著有《自卑与超越》《人性的研究》《个体心理学的理论与实践》《自卑与生活》等心理学名著。

如果你犯过以上三种错误，也不要担心，认真地阅读这本儿童心理学，搞清楚每一个阶段孩子身上所展现出的那种特有的成长力量，这样你才可以更淡定、更智慧地陪伴孩子们一天天健康成长。

很多时候，父母很难做到换位思考，从孩子的角度去体会他们在成长中遇到的困难。想当然地认为孩子不听话、有问题，从而草率地做出了很多不应该的错误管教行为。但父母们没有意识到，这些问题行为自己小时候也出现过，也许他们早就忘记了：自己曾经也是一个孩子！

思考

早教有必要吗

我们究竟应该怎样选择和开展早期教育呢？

其实上小学之前的教育都可以称之为"早期教育"，包括托儿所、幼儿园和其他早教机构。

对于应不应该让孩子参加正规的早教培训，学界一直存在很大的争论。有一种观点认为，家长太残忍了，这么早就把孩子推向竞争，如果一个儿童太过于繁忙，会让他失去孩童时的天真！童年都没有了，人生还有什么乐趣呢？

有一位妈妈就向我咨询，说自己在孩子5岁以前就已经给孩子报过很多班了，包括美术班、小主持人班、全脑开发课程、快乐体操课，晚上回到家里还要完成班上布置的作业，现在孩子对很多课程都表现得很抗拒，一点儿都不快乐。我想这样的家长应该不在少数。

但是还有另外一种观点认为，提前进行正规的早期教育可以帮助孩子获得在家里无法获得的技能。比如说阅读能力或者是第二语言能力，而且你会发现越是发达的国家，他们参加早期教育的儿童比例越高。1995年，美国只有6%的5~6岁的孩子没有接受过学前教育；而在菲律宾，到了1999年还有超过20%的儿童没有接受过任何早期教育。他们认为，早期教育可以促进儿童的生理发育、认知水平，特别是他们的社会交往能力。有研究发现，和那些没有进行过早期教育的孩子相比，上过托儿所或者类似教育机构的孩子会更加有自制力，更喜欢交际以及更加自信。如果在上幼儿园之前就进入其他的早教机构，孩子们会更容易适应幼儿园的环境，表现得不那么焦虑。

那么，这两种观点，我们到底该听谁的呢？

我认为，早期教育对孩子的发展有利，这一点是毋庸置疑的。但是早教的类型那么多，我们应该在怎样的一种指导思想下去进行早期教育呢？

在儿童心理学教育史上，存在三种对于早期教育的指导思想。

第一种是以皮亚杰、蒙台梭利为代表的"以儿童为中心"的哲学观点，他们认为所有的教学内容都要按照孩子的需要来进行。 也就是说，教学是由儿童发起的，他们对什么感兴趣，老师就提供什么样的游戏和活动。比如说，让孩子们玩"糖果乐园"或者"大富翁"的游戏，就可以改善他们的身体协调性、计算能力、轮流玩的能力以及合作能力。这种教育思想对教师的要求很高，因为他们不但要学会精心挑选玩具、设计活动，还要善于管理自己的情绪。即使是孩子出现负面行为，也不能用惩罚的手段来制止。

第二种是以学习为导向的思想，这种体系会按照儿童的年龄规律，给予更多有明显训练目的的学习内容。 比如说让他们阅读、学外语、学画画、学音乐等。这种思想注重规范性，使孩子提前进入到成人的学习状态。

第三种是折中，就是有时候是以老师为主的教育方式，有时候又以孩子为中心来安排活动。

这三种指导思想，哪一种结果最好呢？

1999年，心理学家马尔肯做了一次调查，他随机选取了721名4～5岁的学龄前的、来自华盛顿三种类型的幼儿园的孩子，采用以上三种方法进行教学。结果发现，采用**"以儿童为中心"**的教育思想指导，孩子的基本学习技能要比其他两组好很多，而且他们在运动能力和交流技巧上也完全超越了其他两类。所以，从实验的结果来看，以儿童为中心的方法所产生的早教结果是最好的！

而三种教育方式中，最差的是那种折中取向的幼儿园。也就是说，一旦你确定了教育思想和风格，就不要变来变去，或者执行得模棱两可。就我个人的经验来看，那些来找我的问题儿童家庭，一般都有两种不统一的教育理念。这种理念可能是父母和老人之间的，也可能是父母之间的。这时候孩子处于一种混乱的状态，不知道你们到底要怎样。所以，每个家庭，必须要做出一个决策，要不就听你的，要不就听我的，不能出现多种思想。

其实，绝大部分的早教内容是可以在托儿所和幼儿园实现的。对于普通的家庭来说，孩子如果已经进入了托儿所或者幼儿园，即使不去早教机构同样也可以发展得很好。

那么，我们还该不该参加其他教育机构的学习和训练呢？

在世界上，有两种被公认的补偿性早教机构是可以信任的。

第一种，就是蒙台梭利教育法，这些机构主要关注的是儿童的认知能力。蒙台梭利强调儿童的学习都是从感觉开始的，所以他们会通过对孩子感觉的训练来提高学习效率。他们会带领孩子们去认识各种各样不同颜色和形状的物品，对他们保持足够的感官刺激。

在所有的研究中，蒙台梭利的方法有压倒性的优势支持，特别是在孩子们认知水平的提高方面。

但是，蒙台梭利教学法也并不是完美的。它的缺陷在于，蒙氏的教育方法基本上针对的是孩子，但是儿童还有很长一段时间是生活在家庭当中的，对于一个混乱、无知的家庭，这种教育体系基本上是没有办法干预的。

所以，世界上还存在另一种以干预家庭为中心的补偿教育计划——布朗芬布伦纳（Bronfenbrenner）[一]教学法。他们认为，早期教育的关键是要教育家长，当家长们知道该怎样养育孩子的时候，通过外人对儿童的训练就显得没那么重要了。所以，布氏教育法会从一对夫妻怀孕之前就给他们普及怀孕和胎教知识，等孩子出生以后告诉他们怎样建立和孩子的情感纽带和依恋关系。孩子4～6岁的时候，教父母们如何与孩子进行亲子活动和制订学习计划；6～12岁时怎样配合孩子的学校生活，进行家庭教育。在美国，这个计划从1977年就开始了。那中国有吗？有！你们看到的这本书就是我们中国的布朗芬布伦纳教学法的科普读物。在未来的几年里，我们还将陆续推出12岁以下儿童父母的精细化课程，从孕期的心理保健和胎教课程一直到小学生的自主学习与社交能力，建立线下的家长辅导课堂，也希望通过我们的力量来打造中国布氏早教体系。

除了这两个体系外，其他的早教内容是需要每个家长仔细甄别的。比如说现在流行的"感统训练"，应不应该让孩子参加呢？我只能说，方法是有效的，但并不适合每一位儿童。"感统训练"的英文名 sensory integration therapy，直接翻译叫作"感觉统合治疗"。既然是治疗，肯定是针对有缺陷的孩子去使用的，所以在各地的儿童医院里一般都会给孩子提供感统治疗——主要针对的是有自闭症和多动症的孩子，是一种主流的训练方法。

至于那些所谓的全脑、右脑教育法，基本上就像"脑白金"一样，只为了迎合我们中国人概念的市场行为，效果和科学性暂时还没有得到系统考证。

[一] 布朗芬布伦纳（Urie Bronfenbrenner），著名心理学家，提出了生态系统理论，是美国"问题学前儿童启蒙计划"的创始人。

第 2 章

解读儿童的个性特质

婴儿期就有的气质类型

自从我们建立"精益父母社群"以后,家长们提出了五花八门的问题,很多问题对于我来说都是宝贵的"大数据"。但我发现当代父母有一种普遍的情绪——焦虑,特别是妈妈们,非常害怕自己的孩子有一点儿所谓的"不正常",生怕和别的孩子不一样,头胎妈妈更是如此!

有的妈妈说:"我家宝宝胆子特别小,不敢和其他的小朋友交流。"有的说:"我家宝宝特别黏人,是不是特别缺乏安全感啊?"有的说:"我家宝宝情绪来了,就号啕大哭,我怎么哄她,她也难以恢复平静。"看得出来,很多家长对自己孩子的情绪和表现有点儿手足无措。如果自己的宝宝和别人家的孩子不一样,到底是不是有问题呢?要是宝宝不像我们期待的那么乖或者好养育,就真的需要干预甚至看医生吗?

针对所有这些问题,我给大家科普一个心理学上非常基础的概念:婴幼儿的气质类型(temperament)。

我们说的气质,不是平常说一个人很有"气质"的意思,而是说宝宝的脾气和秉性,这个概念表达的是孩子会以什么样的方式来行动和思考。打个比方,两个孩子能够自己穿衣服了,其中有一个孩子,他就可能会穿得更快,穿的时候更加专注,而且更喜欢穿新衣服;而另外一个可能穿的时候心不在焉,容易被外界的事物打扰。**所以还有一种说法就是说一个孩**

子的气质不是他做了什么，而是他打算做什么。同样的场景，不同气质类型的宝宝就会采取不同的行为来应对。

那么，儿童的气质到底有哪几种类型呢？其实最早的研究是来自美国的"纽约纵向研究"（NYLS）㊀。这些心理学家非常了不起，他们对133个人从婴儿起一直跟踪到成年，持续了20多年的时间，结果发现婴儿可以分为三种典型气质类型和一种非典型气质类型。

第一种气质类型的宝宝："容易型宝宝"（easy children）。如果你家生了一个这种气质类型的宝宝，我要恭喜你，用两个字来总结宝宝的特点就是：**好养**。因为这样的宝宝的情绪是很温和而且积极的，看到新事物也非常容易适应，看到新的人、新的环境很快就能适应。遇到陌生人时，只要是家人在场，他们大多数时候都会友好地微笑。而且他们的生活很规律，该什么时候吃饭，该什么时候睡觉都是很稳定的。如果你喂给他一种新的食物，他会很愿意去尝试，并且容易喜欢上这种食物。最关键的是即便宝宝受到挫折，也很容易安抚。对照一下，你的宝宝是这种类型的吗？容易型的宝宝在所有的婴儿里占比在40%左右，也就是说10个宝宝里就有4个是容易型的。

第二种气质类型的宝宝："困难型宝宝"（difficult children）。如果你家里有困难型宝宝，你可能就没那么舒心了。因为困难型宝宝的情绪反应比较强烈，而且比较消极。他们表达情绪时不是大笑就是大哭，接受新的环境和事物比较慢。对于父母来说，更烦恼的是他们的饮食和睡眠都不规律，所以你不知道他什么时候要吃，什么时候要睡。他适应新食物的速度非常慢，一旦他习惯了吃某种东西，你再给他喂新的食物，很容易遭到他的拒绝，可能一下子就吐出来了，而且宝宝看到陌生人会充满怀疑和恐惧，所以接纳一个新出现的人是非常难的。他们受到挫折以后很难安抚，

㊀ 纽约纵向研究（NYLS）是目前世界上持续时间最长，且最全面的一个关于儿童气质类型的研究，由儿童心理学家亚历山大·托马斯和史黛拉·切丝牵头完成。

特别容易发脾气。总结起来,养育这样的宝宝对于年轻父母来说有一定的挑战性!不过也有一个好消息,这种宝宝在所有婴儿中占比较少,只有10%左右,也就是说10个宝宝里面只有一个困难型的婴儿。

第三种气质类型的宝宝:"慢热型宝宝"(slow-to-warm-up children)。这种宝宝在所有的婴儿中占15%左右。慢热型宝宝的情绪比较温和中性,没有过强的积极情绪和消极情绪。他们对新生事物适应得比较慢,但睡眠和饮食却相对规律。他们对新的环境和人的表现是温和的,虽然不能一下子接受陌生人,但也不至于害怕、发脾气。如果外界没有给他压力,他们就会慢慢地适应新的环境和人。

以上三种气质类型的宝宝加起来占婴儿总人群的65%,这就意味着有35%的宝宝是非典型的气质,属于中间状态。这种宝宝的情绪平常是很积极温和的,但是在看到陌生人的时候又会很恐惧、很焦虑,可能他们的饮食非常规律,但是遇到挫折却难以安抚。所以这样的宝宝就需要灵活地对待。

可能有人要问,了解这些气质类型,对我们有什么帮助呢?我经常听宝宝的父母说,我要培养我家孩子的个性,培养他的好脾气,还一副跃跃欲试的样子。但我要告诉你:**气质是天生的,而且很稳定,不是你可以轻易改变的。**大量的研究发现,一个孩子3岁时的气质类型和7岁时的人格密切相关,甚至可以预测他18~21岁时的人格特点。这也就意味着,一个孩子的个性是很不容易改变的。

所以,父母应该用更自然的观点来看待孩子的天性。当你们意识到,孩子特别爱发脾气或者特别胆小,可能并不是因为他任性、懒惰或者是顽皮,而是因为他们天生的气质使然,你们的心态可能就会更加平和。很多父母看到自己的孩子情绪不稳定,可能会觉得是自己没带好,认为是自己做错了什么,或者觉得应该去纠正和控制孩子,帮他改变这种坏脾气。如果你这样认为,就有可能做出错误的判断。

一旦你把孩子的天性看成了"毛病",会有什么后果呢?

对于这个问题,2004 年美国就有一项针对 12 个月大的孩子的研究。研究发现,如果父母不理解孩子的气质,认为孩子"发脾气""胆小"等现象是性格不好,是需要纠正的,他们就可能会用督促、限制甚至是质疑的方式来改变孩子。(Guzell & Vernon-Feagans, 2004)**这样强行纠正会让孩子直接变成困难型宝宝,也就是说他本来不是困难型的,是你把他变成了那样**。这就是不懂儿童心理学所付出的代价!

当然也有一种情况是需要区别对待的。有的家长说:"我真的觉得我家孩子胆子太小,真的不善于和其他的小朋友交流,我需要改变他吗?"对于这个问题,需要先考虑社会文化因素。比方说,东西方看待孩子的害羞,可能会有不同的观点。一个来自加拿大家庭的孩子如果很害羞,就会被认为比较软弱,能力不足或者不成熟,这是比较负面的评价;而在中国,特别是小女孩,如果比较害羞,很多时候可能被认为是很"文静"。如果你的家庭文化能够接受这种"文静",那就无须改变。但如果你认为,胆怯和害羞会影响到孩子将来的发展,你可以通过以下三点来改变。

第一点,理解孩子的特质是天生的;第二点,积极地鼓励他去探索,去跟其他的小朋友交往。关键是第三点,**他在和其他小朋友交往的时候,如果胆怯退回来或者失败了,不要批评他,要让他按照自己的节奏继续尝试。记住一定是孩子觉得舒服的节奏,不要催促他**。这样,孩子自然会建立起与别人交往的自信心。不过我要提醒一点,如果你孩子的性格是典型的内向性格,就要做好即使他参加了很多社交活动,也很难快速地与新伙伴建立关系的准备。

再继续深入思考一下,了解婴幼儿气质的终极意义到底是什么?我觉得就是蒙台梭利表达过的一种思想:"孩子的发展是自然而然的,我们做父母的教不了他什么,只要提供足够好的环境、足够多的爱,他们就可以健康快乐地成长下去。"

婴儿依恋类型：人类亲密关系的原始模板

这是本书最重要的话题之一。

有很多恋爱中的男女会问我："老师，我好像根本就没有能力跟异性建立起亲密关系，就算建立起关系，好像我们也无法长久。"还有的人跟我说："我每次恋爱甜蜜期都非常短，经过短暂的甜蜜期以后，就是漫长的相互折磨，折磨得两个人完全没有激情以后才不得不分手。"我想，不光是恋爱的人会这样，结了婚的人同样会遇到这样的问题。

为什么呢？

因为一个人的亲密关系可能决定了我们大部分的幸福感。如果你的亲密关系发展得很好，我基本上可以断定你这一生是幸福的；如果你的亲密关系充满问题，那你的幸福感一定大打折扣。不过问题来了，到底是什么决定了一个人的亲密关系模式呢？

心理学有一个基本的假设，童年的经历在很大程度上影响着成人时期的幸福感。所以为了找到这个决定人类亲密感的钥匙，美国著名的心理学家玛丽·安斯沃斯[一]做了一个非常伟大的实验。她把一些1～2岁的宝宝放在一个房间里，然后就让孩子的妈妈离开了，房间里是有陌生人的。心理学家就是要看看当这个婴儿的妈妈离开的时候，他到底有什么样的反应，等妈妈回来以后他又会怎么做。

结果她发现，参加实验的婴儿里出现了四种不同的行为。

第一种宝宝，他的妈妈离开以后，马上就开始哭泣、抗议。但过了半小时妈妈回来以后，他会非常高兴地去伸手迎接妈妈，很享受重回妈妈怀抱的感觉。我也经常会做这样的实验，我会把别人的宝宝抱走，让他看不

[一] 玛丽·安斯沃斯，美国心理学家，依恋领域先驱。1913年出生于美国俄亥俄州的格伦代尔市，逝于弗吉尼亚州的夏洛特维尔市。安斯沃斯对心理学最重要的贡献是早期情感依恋方面的研究。1989年获美国心理学会颁发的杰出科学贡献奖。

到妈妈，隔一段时间，我再把这个宝宝交回到他妈妈的怀里，看孩子这个时候有什么反应，就可以测试出他是什么样的依恋类型了。如果这个宝宝几乎是瞬间就眉头舒展，马上就开心起来，我们就知道这样的婴儿是**"安全型依恋"**的宝宝。这样的孩子会把妈妈当成一个安全基地，一旦他觉得在妈妈怀里的时间够了，就会想要去探索未知的世界。所以，这种宝宝也很喜欢去探索，非常有好奇心。

第二种宝宝，当妈妈离开以后不会哭闹，甚至表现得无所谓。当然，他们不是真的不需要妈妈，而是在假装。当妈妈回来以后，宝宝内心很想接近妈妈，但表现出来的却是拒绝、生气，完全不要妈妈抱。这种宝宝的依恋类型叫作**"回避型依恋"**。回避型依恋的宝宝，是最不善于表达自己情感的人，明明很需要妈妈，但从不表现出来，这种孩子有个特点，就是非常不喜欢你批评他，对任何的批评基本上都是抗拒的。所以，这也成为鉴别回避型宝宝的重要依据。

第三种宝宝，在妈妈准备离开但还没有离开的时候，就开始焦虑，想要哭了。当妈妈真的离开以后，他会边哭、边表现出很烦躁的样子；当妈妈回来以后，他内心当中又非常纠结，很想接受妈妈，并且会伸出双手要求妈妈抱，但当妈妈要抱起他的时候，他又会扭动身体开始抗拒。所以，这种宝宝的特点是充满焦虑感，基本上不愿意离开妈妈，哪怕只是一小会儿。当宝宝一个人的时候，他也不愿意去探索；当他哭闹时，很难被安抚。所以我们称之为**"矛盾型依恋"**。

除了这三种类型，还有一种比较特殊的依恋类型叫作"混乱型依恋"。这种宝宝在妈妈离开的时候，会表现出无助和漠然，而当妈妈回来以后，根本猜不透他将会表现出什么样子。有时候可能是很热情地拥抱妈妈，但也可能是理都不理。还有另外一种可能，就是你明明抱着宝宝，但他的眼睛却几乎不看你。所以心理学家认为，这种依恋类型是最不安全的类型。

以上四种依恋类型除了"安全型依恋"，其他三种都是不安全的依恋类型。这个时候你可能要问：这些依恋类型对于一个人的成长有什么意义呢？我来告诉你，依恋类型的意义就是它几乎决定了一个人未来建立亲密关系的模式。

安全型依恋者长大后

如果你有幸找到了一位从小到大都是"安全型依恋"的人作为你的人生伴侣，我要恭喜你，你很幸运！这样的人，他（她）的核心观念是：人是安全的。所以你和他（她）结婚，他（她）会让你做自己，你无论是什么样子，他（她）都能接受。人世间最痛苦的事情是什么？不是生离死别，是我们两个在一起，你需要亲密感的时候，我却需要距离感；而我需要亲密的时候，你却要离我而去。但如果你找到的爱人是安全型的人，他会非常懂事，内心充满安全感。安全型的人是不会使用家暴或者被别人家暴的，因为一旦他被别人家暴，会非常有底线，这种人会非常干脆地离开伤害自己的另一半，绝不妥协。但安全型的人会在你生气的时候原谅你，甚至可以拥抱你！

为什么他能做到呢？因为他原谅得起！

其实，**一个人最不值得爱的时候，就是他最需要爱的时候。**所以安全型的人会疗愈对方。当对方被疗愈以后，伴侣会用爱来报答，这样整个家庭氛围会非常好，大家的幸福感都会很强！

回避型依恋者长大后

第二种"回避型依恋"的核心信念是：人都不可靠，我只能靠自己。他们其实很需要亲密感，但他们特别害怕受伤。所以回避型的人一般看上去很高冷，有一种虚假的自尊，这种人对物品的兴趣比对人的兴趣要大得多。所以，那些网络成瘾、游戏成瘾、酗酒的人几乎都是回避型依恋的人，而且，回避型依恋者特别喜欢否定别人，他经常说"我行，你不行；

我是有价值的,你是没有价值的"。但是他们的自尊心被打击以后,就会去寻找各种各样极端的刺激——酗酒、吸毒、性滥交等,都是他们容易出现的状况。

矛盾型依恋者长大后

矛盾型依恋的人长大以后,他们会认为:别人都比我好,我不行。所以,他们要赶快抓住一个群体,抓住一个人,这样才感觉安全。他们生命的大多数时间都会在紧张和追逐当中度过。他抓住一个人就像是抓住一根救命稻草一样,不给对方任何空间和自由。有的人在谈恋爱过程中如果对方没接到电话,就会打20个"夺命连环"电话。

这种人会非常渴望亲密感,但不懂得给对方空间。很多夫妻长年吵架或者冷战,但就是不离婚,为什么呢?因为吵架和冷战是调节夫妻关系的一种方式。因为当我需要空间,你不给我空间的时候,我就只能跟你吵架,然后我们就可以冷战了!而夫妻是能够从冷战中获益的,比如说短暂的轻松和自由。

混乱型依恋者长大后

混乱型的人长大以后会变成什么样子呢?

出现混乱型人格多数是因为在儿童时期受到了巨大的伤害或虐待,所以他们在面对亲密关系时几乎没有生存技巧。他们一方面很冷漠,但是内心又有巨大的亲密感需求,他们可能长期拒人于千里之外,而一旦抓住了一个人,就会像八爪鱼一样死死地抱紧他。如果这个人受不了了,他会说"如果你离开我,我就自杀",或者"如果你离开我,我就杀了你"这样的话。

我们在新闻报道中可以看到,有的人恋爱时,如果另一方要离开,他就会想:"我得不到的,别人也别想得到,我要和你同归于尽!"结果悲剧就发生了。依恋关系的类型，几乎是藏在你背后，但是能够决定你一生幸福的关键性因素。

那么，你们一定会问：我怎样在孩子还小的时候培养他的安全依恋呢？告诉大家一个好消息，**依恋类型是可以改变的！**比如说孩子本来是不安全型依恋，你可以通过培养，让他变成安全型依恋。具体应该做些什么呢？

1. 孩子有情绪的时候，一定要及时地安抚。

哭的时候、难过的时候、无助的时候，你一定要在最短的时间内给他安慰和鼓励。有时候，我走在路上会看见有的父母两个人一起打骂孩子，这个时候孩子的情绪几乎是崩溃的。爸爸骂，妈妈打，男女混合双打。如果时间可以倒流，你回到了小时候，你会怎么办呢？我们平常会发现一个有意思的现象，就是当爸爸打孩子的时候，孩子会说："我要妈妈。"当妈妈打孩子的时候，孩子会说："我要爸爸。"结果当爸妈一起打他的时候，孩子就会陷入无助。

2. 任何时候，你都要积极关注孩子。

无论他做了什么事，成功还是失败，你都要从正面去关注。如果他做的事没有成功，你要告诉他，下次你一定可以的。如果他成功了，你就给他一个拥抱或者是亲吻。我记得在我小的时候，身边的家长经常会犯一个错误：当我们考试考得不好的时候，家长会批评；当我们考试考得好的时候，家长会说："不要骄傲，取得这点儿成绩，你就得意了吗？你看那谁谁谁，就比你考得好吧！"这会让孩子觉得怎么着都是挨骂，干脆不学了。

3. 不要把你自己的情绪转嫁给孩子。

父母经常打孩子的原因，并不是因为孩子真的错了，而是因为父母觉得很愤怒，所以才打孩子。其实退一步想想，孩子是从零开始的，他的任何行为都和你的养育紧密相关，这种简单粗暴的处理是不是意味着你在推卸责任呢？

知道以上这三点也不一定能够处理实际问题，我们来分析一个具体的案例。在我的儿童心理学社群里，有位妈妈问我："孩子摔倒了，我从来不扶他，都是让他自己爬起来，这样做对吗？我发现孩子最近开始有些伤心了。"我问这位妈妈："你为什么要这样做呢？"她说是看到了一篇教育类文章，说要让孩子负起自己的责任。于是，我就告诉她："你这种行为是很危险的。"

伟大的哲学家罗素一生当中最大的悲哀，就是晚年的时候他的儿子和女儿极少去看望他。为什么呢？因为罗素在年轻的时候就是这样做的。当他的小女儿看到海边有一块很漂亮的石头时，女儿和哥哥想把这块石头搬回去，就跟爸爸说："你能帮我把石头搬回去吗？"罗素看了看自己的儿子和女儿说："自己的事情要自己做！"当时，儿子和女儿都感到很绝望。长大以后，他的儿子和女儿与罗素的感情变得非常淡漠。罗素自己也认为，这是他在教育中犯下的"教条主义"错误。

所以，我们教育孩子一定不要去看那些"鸡汤文"。"鸡汤文"的观点看似很有道理，但仔细思考却经不起推敲。科学养育的任何一个做法，任何一个观点都要经过实践和时间的检验，这也是我要写这本科普读物的初衷。

在本节的最后，我要给大家留下一个问题。虽然我们了解了儿童的依恋类型，但我们也许会发现父母自己可能就是不安全的依恋类型。如果你发现自己也是不安全的依恋类型，而这样的模式已经给自己的爱人和孩子带来了困扰，那应该如何改变呢？我们下一节接着讨论。

如何改变养育者的"依恋模式"

看完前面的内容，我猜大家最关心的问题可能是，我自己的依恋模式如果已经是"不安全类型"了，可以改变吗？如何改变？在回答这个问题之前，我们先要搞清楚另外一个问题：你属于什么样的依恋类型？

下面，我们将会问你三组问题，请你回答"是"或者"不是"。如果你身边有纸笔，也可以简单地做一下记录。

第一组

1. 当与别人相处不太顺利的时候，我总是倾向于退缩。
2. 我发现自己难以完全信任朋友或者是恋人，也很难让自己依赖他们。
3. 我有点儿怀疑，这个世界上有没有真正的感情。
4. 当别人与我太亲密的时候，我会感觉到不舒服。
5. 当别人想与我的关系更进一步时，我会感到紧张。

回答"是"三个以上者，你可能是 A 型依恋模式——回避型依恋。

第二组

1. 一般来说，我们认为大部分人都是善意的，并且是值得信任的。
2. 我发现与别人保持亲密的关系并不难。
3. 我能够安心地依赖别人，也能够让别人依赖我。
4. 我并不担心会被别人抛弃。
5. 当别人想从感情上接近我的时候，我感觉很自在。

回答"是"三个以上者，你可能是 B 型依恋模式——安全型依恋。

第三组

1. 在亲近的关系中，我经常感觉到被误解，或没有被赏识。
2. 我觉得我的朋友或者恋人不太靠得住。
3. 虽然我爱我的恋人，但是我担心他/她并不是真心爱我。
4. 我发现别人不乐意像我希望的那样与我接近。
5. 我想和别人再亲密一些，但我不确定是否可以信任他们。

回答"是"三个以上者，你可能是 C 型依恋模式——矛盾型/混乱型。

如果自己是不安全类型，该怎么办呢？

如果你对这个问题表示担心，请先别着急，因为虽然依恋建立的敏感期在我们还只有 6 个月大的时候，就已经开始了，但是这个敏感期什么时候消失我们还不知道。这意味着，我们仍然有改变的机会。心理学家发现，即使我们在儿时已经形成了不安全的依恋模式，但也可以随着我们成年以后的生活经历和自我成长而逐渐改变。

具体怎样改变呢？

"反向补偿"——不安全，就制造大量的安全。

1. 找一个安全型依恋的人做终身伴侣。这是最简单、最直接的方法，特别是对于还没有结婚的朋友。

2. 信守承诺。双方约定的事情尽量做到，如果不确定先不要给予承诺。比如，我今天晚上加班要晚些回来，如果预期是 11 点到家，就一定要准时回家。如果做不到，就要改变预期，比如说 11 点半。

3. 经常拥抱、牵手，多陪伴。

4. 远离那些不安全的人和群体，压力太大的时候可以寻求心理医生的帮助。

这既是改变自己，也是改变孩子的关键！改变不是一天两天就能完成的，要坚持！因为依恋类型既关乎你的内心安全，也关乎你的家人信任，它值得现在就去做！

儿童是如何获得性别角色的

澳大利亚心理学家史蒂夫·比达尔夫写过两本育儿畅销书《养育男孩》和《养育女孩》，这明显暗示了男孩和女孩要用不同的方式来养育。我们中国民间也有一些养育男孩和女孩的流行说法，比如说："男孩要穷养,因为他们以后是要靠奋斗生存的;女孩要富养,因为害怕她以后被一根棒棒糖就骗走了。"先不说这种说法有没有道理,这其实就反映了我们的社会对男孩与女孩不同的期待和社会定位。

性别差异在儿童发展当中到底是怎么形成的呢?换句话说,男孩怎么知道自己是男孩,而女孩又如何发现自己是女孩的呢?

其实在3岁之前,男孩和女孩无论是在生理上还是在行为上,差别都是非常小的。3岁以后,他们之间的差异就会变得越来越大。男孩会出现更多的攻击性,而女孩则会表现出更多同理心和帮助人的倾向。女孩会对父母更加顺从,比男孩更加主动地寻求父母的赞扬。所以,我们经常把女儿称为"贴心小棉袄"。随着年龄的不断增长,男孩会变得更加调皮,打架、咬人、经常发脾气,而女孩在4岁以后,问题行为会不断减少。不过,她们会比男孩更容易焦虑和沮丧,这种趋势会一直持续到成年。

思想比较传统的家长,可能会希望男孩就要有男孩的样子,而女孩就要温柔文静。但实际上很多孩子长大以后,和我们的期待并不一样。有的女孩很阳刚,脾气很大;而有的男孩却变得有点儿"娘娘腔"。是什么因素导致了他们在成长当中出现了这样的偏差呢?

对于儿童性别角色是如何获得的,学界一直有很多的争议,每个学派都给出了不同的看法。比如说生物学取向的观点就会认为,男孩女孩的性别差异主要是基因、激素和神经发育决定的。如男孩的大脑比女孩大10%左右,但这不意味着他们比女孩聪明,只是因为男孩大脑的灰质更多,而女孩的神经元密度更大一些。女孩连接左右半球的胼胝体⊖更粗大一些,这意味着女孩有着天生的语言优势。

生物学家认为,能够决定男女特征区别的是激素水平。他们发现有一

⊖ 胼胝体,是联络左右大脑半球的纤维构成的纤维束板。在大脑正中矢状切面上,胼胝体呈弓状,前端接终板处称胼胝体嘴,弯曲部称胼胝体膝,中部称胼胝体干,后部称胼胝体压部。

些患有先天性肾上腺增生的女孩，在胎儿期就有很高的雄性激素，这直接导致她们的生殖器出现变化，阴蒂增大而尿道敞开。她们长大以后身上的毛发会很浓密且声音低沉，到了青春期也没有月经或者是月经失调。你有可能会发现身边曾经有一些"假小子"，她们很喜欢玩"男孩的玩具"，而且对那些粗野的游戏很感兴趣。

我在读初中的第一天其实就闹了一个笑话。上体育课时，刚认识了一位新同学，我觉得这个"男孩"说话很爽快，性格比较开朗，我还和她勾肩搭背打闹了半天。结果，上课时体育老师整队：男生站一排，女生站一排。结果我发现她一下子站到女生一边去了。我当时还在嘲笑她，说："你怎么站到女生一组去了，快过来。"结果身边有一位同学对我说："她本来就是女生啊！"我顿时觉得好尴尬啊！

雌性激素对男孩的影响相对较小一些，但是男孩如果从小大量服用雌性激素，那就会导致这个男孩开始具备女性特征，并且丧失男性的生育能力，这其实就是在泰国经常见到的人妖。

虽然激素水平可以影响孩子们的性别特征，但是，男孩女孩对自己所属的性别应该如何表现，还是通过后天学习形成的。当孩子开始听到爸爸妈妈说"你是一个女孩"或者"你是一个男子汉"，就会把"女孩"或者"男孩"和自己联系起来。孩子会在环境当中搜索自己的性别信息：我应该做什么，应该和谁玩？这个过程分为三个阶段。2~3岁时，他们开始知道自己是什么性别，但在这时候，他们对性别的认识还不稳定，而在3~7岁时，这种概念会慢慢稳定下来，他们会知道性别不会随着年龄的发展发生变化。心理学家柯尔伯格就曾经把很多3岁宝宝的照片用电脑软件进行修改——让男孩穿上女孩的衣服，把男孩的头发改为女孩的头发，然后让孩子们去判断图片上的是男孩还是女孩。3岁以下的孩子更容易被衣服和头发迷惑，而3岁以上的、年龄更大一些的孩子更容易通过生殖器来判断性别，而不是衣服。那些戴耳环、留长发男孩的图片，还是会被 3 岁以上的孩子认出是男孩。这时候，孩子们就已经具备性别的"恒常性"了。

这种"认知取向"的理论，解释孩子性别发展的原理就是：随着年龄的增长，孩子会把和自己相关的概念进行归类。在 2～3 岁形成自我意识以后，就会把所有符合自己性别的物品当成是"我"的东西，符合自己性别的行为当成"我"应该做的事情，而拒绝不属于自己性别的东西和行为。你会发现，五六岁的男孩女孩可能会相互嫌弃对方的性别。比如，一个女孩就会对她的同伴说："你怎么玩得这么疯，像个男孩一样。"男孩可能会对同伴说："爱哭鬼，像个女孩。"所有孩子对性别的认同来自头脑中的归类。

尽管这种看法很有道理，但是它不能解释为什么家庭和文化对孩子的性别观念的形成影响更大一些。打个比方，一个成年男人的"大男子主义"是怎么形成的？一个人不可能天生就是"大男子主义"。首先我们要来解释一下，"大男子主义"其实是一种对男性角色的强烈认同和刻板印象。说得简单一点儿就是：认为男人应该是这个样子才对得起此称号。比如，男人不能哭，男人不能在家里做饭、做家务，男人不能总是带孩子，男人出去要显得比女人地位高……这种特征，用生理和认知的观点根本解释不了。所以，心理学家班杜拉告诉我们，我们对性别角色的获得还来自一个非常重要的途径——社会学习。

首先是家庭，你会发现孩子会模仿爸爸妈妈对性别的看法。一个男孩有一个"大男子主义"的爸爸，那他更容易模仿这种性别观点。而如果爸爸是主张民主的，那他们的家庭就会不一样。英国有一项研究，他们去跟踪那些 4 岁的城市儿童，结果发现，这些家庭里如果爸爸会更多地参与到家务当中，孩子对性别的看法就不会那么刻板，也会更少地参加那些性别化的游戏。这意味着什么呢？也就是这样的家庭养育出来的男孩的"大男子主义"将会更少，而女孩也会不那么脆弱（我感觉，这简直就是我家的真实写照）！

　　还有一项研究发现：一个家庭中，大宝的性别学习更多地来自父母，而二宝的性别学习却来自大宝。你也可以观察一下那些有姐姐的弟弟，和那些有哥哥的妹妹，是不是在性别表现上会相对更中性呢？

　　除了家庭对儿童性别的影响，另外一个重要因素就是文化的影响。有一部印度电影在中国很火，叫作《摔跤吧，爸爸》[一]。里面说的就是几个印度的女孩，在爸爸的指导下成为优秀摔跤手的故事。要是这个故事发生在中国，估计没什么好讨论的。但是在印度，一个小女孩碰一下哥哥的梨都会受到严厉的斥责。印度女人被社会严格地认定是男人的从属，长大嫁人，相夫教子，而女孩从事男人的摔跤运动，可谓是一次巨大的突破。所以，你的女儿或者儿子将来会怎样看待自己的性别也会受到文化的影响。

　　为什么有很多男人在结婚以后，并不知道怎么去履行一个父亲的职责？最普遍的解释是，这个男人不负责、没良心。但这种说法很肤浅，我们从发展心理学的观点来看，男人成年以后，对家庭和孩子的关照不够，可能来自他们童年时候所看的电视节目以及阅读的书籍。比如，他小时候看到的电视剧里男人都在干什么呢？打仗、打架、闯江湖对不对？他们会不自觉地模仿这些角色，并且在工作以后会倾向于奔走四方。电视剧里的女人都在干什么呢？做饭、带孩子，这也让孩子们自然而然把养育和家务认为是女人的事情。

　　最近几年，世界各地开始反思教育思想：我们这种媒体的定位究竟会对孩子产生什么影响？而2000年以后，更流行的理念就是，在我们给孩子讲的绘本里，不过分强调性别的刻板意义。最优秀的绘本会让女孩扮演飞行员或者救护车司机，让男孩洗衣服或者主持家庭聚会，而美国的很多

[一] 《摔跤吧！爸爸》是由尼特什·提瓦瑞执导、阿米尔·汗主演的印度电影。影片根据印度摔跤手马哈维亚·辛格·珀尕的真实故事改编，讲述了曾经的摔跤冠军辛格培养两个女儿成为女子摔跤冠军，打破印度传统的励志故事。

电视剧里，那种职场女性的角色更多，而男人带孩子的也比比皆是。这样的做法，可以让孩子对性别产生新的认识，也会让自己有全新的生活。

儿童的性别特征、性别角色的形成有生物、基因层面的原因，此外，更多的则是来自我们后天对每种性别角色的学习和模仿。我们可以遵循传统意义上的男孩和女孩的养育观点，但更加前沿的理念是，如果能够淡化对男孩或者女孩那种刻板的期待，反而会释放孩子的压力。这并不意味着我们会培养出一个娘娘腔儿子，或者一个野蛮女孩，而是让他们减少向对方性别学习的压力。比如说，男孩对养花或者研究水果沙拉感兴趣，女孩喜欢体育或者是机械玩具，是不是也可以不去阻止呢？

性别发展的研究到今天为止，还没有定论。具体怎么做，还要等待进一步的研究。从趋势来看，我们一定会以更加开放的心态来看待儿童的性别发展。这使我想到了一句话："活到极致的人，必是雌雄同体！"你们觉得呢？

第 3 章

宝爸宝妈：
孩子的情绪你真的理解吗

识别与安抚婴儿情绪

如何识别小宝宝情绪背后的含义

我想教给所有的新手父母一套超级实用的诀窍：如何识别小宝宝情绪背后的具体含义。

我们都知道孩子的语言表达能力与他们的年龄是有密切关系的，如果是一个学龄期的孩子，你要了解他的情绪背后的意义，直接问就好了，顶多注意一下沟通技巧。但是对于小宝宝来说，他们表达不清，或者不会说话。父母要搞懂他们情绪背后的含义，就没那么简单了。所以，每位家长必须学一点儿宝宝"读心术"，才能真正搞清他们的每一种情绪到底意味着什么。

据我观察，没有学过儿童心理学的家长，基本上都会出现两种错误：当搞不懂孩子的情绪到底是怎么回事时，他们要不只会一味地安抚情绪——只要你不哭、不发脾气就万事大吉了；要不就是完全的自我型，你的情绪让我舒服，就没问题，如果你的情绪让我烦躁，我就要来惩罚你。坦白说，上面这两种套路，我觉得都是不可取的。

无论是讨好也罢，惩罚也罢，家长都犯了一个原则性错误——没有完全接纳孩子的所有情绪。每一种情绪在儿童的成长过程当中都是有积极含义的，如果你只接受那些让你舒服的，而回避那些可能引起你不快的内容，都是在否定我们千百万年的进化成果——那些情绪要是没有意义，早就在进化过程中被我们抛弃了，不可能轮到我们做父母的来筛选。家长不接纳、否定儿童情绪是儿童长大以后出现情绪障碍的主要原因。

那我们具体要怎么识别和面对小宝宝的情绪呢？

第一步，我们先搞清楚简单情绪，然后再来了解基本情绪，最后再学习与自我意识相关的情绪。

我们先来看**简单情绪**，什么是简单情绪？我们可以想一想，刚出生的小宝宝除了哭就是笑。对于小宝宝来说，哭是他们最有力的工具，可能也是唯一的工具。"哭"其实只有一个含义——需要！只要他们需要什么东西，或者想要改变什么现状，他们就会哭。那怎么来识别呢？

心理学家把小宝宝的哭分为四种。

第一种："饥饿哭"。这个时候他们的哭声会很有节奏，就像是背后有人打拍子一样。所以，如果你听到宝宝这样哭，你直接喂奶就可以搞定了。

第二种："生气哭"。这种哭同样是有节奏的，但是哭声更大，而且经常伴随着明显的空气带动声带的颤音。比如说，他本来睡得很好，你们把宝宝吵醒了，他就会出现这种生气的哭法。

第三种："痛哭"。这是因为身体的疼痛或者不舒服产生的哭泣，这时候他们会没有任何呻吟的前奏，突然"哇"的一声哭出来，而且会出现一阵阵的屏住呼吸、憋气的现象。比如说，宝宝不小心碰到桌子角把自己弄疼了，就会出现这种哭的模式。

第四种："挫折哭"。一般是两三次持续很久的哭连在一起，有憋气的现象，但是非常短促，基本换气以后，就会接着继续哭了。像我家宝宝，刚开始吸奶吸不出来的时候，就会发出这样的哭声——好像在告诉我们："妈妈，你是不是在骗我？我费尽吃奶的力气，结果什么都没吃到！太郁闷了！"

除了"饥饿哭"可以用食物搞定，其他的哭我们要去安抚吗？之前在西方有一种"哭声免疫法"，说孩子哭的时候不要去抱他们，他们以后就不会用哭声来控制父母了。但后来发现，这种方法很容易让孩子缺乏安全感，也不利于形成良好的亲子依恋，所以我们并不推荐。但是如果宝宝一哭你就去抱，并且有很多父母是把他们抱在怀里睡觉，之后你就会发现，宝宝只要遇到问题就要你抱，而完全不会自己去处理那些小烦恼——这样父母往往会感觉很累。那怎么办呢？

其实很简单，对宝宝的哭延迟反应，每次可以让他们哭 1~3 分钟，然后再去安抚，这样的方法反而对减轻宝宝的不安效果更好，还会锻炼他们自己处理情绪的能力。你可以不把他抱起来，只是边用手轻轻拍打他的背，边说话或者哼歌就可以了。当然，要把握好一个度，如果你等到他们从痛苦的哭泣转变为愤怒的尖叫再去安抚，估计就很难办到了。所以，既要延迟，也不能延迟太久，给宝宝锻炼的机会，但安抚仍然是主旋律。

宝宝的笑其实更容易理解。宝宝最早的**"唤起性微笑"**是由那种温和舒适的感觉引起的。宝宝出生的第二周，当他吃饱了或者睡在舒服的床上时，你轻轻地抚摸他，他就可能会笑，而且，他们会在睡着了做梦的时候微笑，我每次看见我的宝宝睡着了笑的时候，就会感觉特别美好，心想：她梦见了什么这么高兴？到了出生的第三周，他们就会对爸爸妈妈的点头和声音发出回应性的微笑了，这就意味着，他们的笑不再是那种生理反射性的现象，而是实实在在地具备了交流的意义。等孩子 4 个月大时，你亲他们的腹部，或者挠痒痒的时候，他们就会出现那种咯咯的大笑。等到半岁以后，最好的逗笑他们的方法就是，做一些出乎意料的事情，比如说玩"躲猫猫"，或者把毛巾放在妈妈的脸上，发出一些怪声音，都会惹得孩子哈哈大笑。这种笑可以帮助宝宝释放很多的心理压力。曾经有父母问过我，宝宝生活中如果有让他们恐惧的事情，怎么来抚慰他们——其实最好的方法就是想尽各种办法让他大笑，每一次笑都是对压力的释放和

对恐惧的疗愈。

面对儿童更复杂的情绪

随着宝宝年龄的增长，6个月的时候，他们的简单情绪就会完成分化，这时候基本情绪就形成了。高兴、惊讶、悲伤、厌恶、忍耐、生气和恐惧都会出现在他们的生活中。

当孩子15～24个月的时候，有一个非常显著的变化就是自我意识出现了，所以他们会出现很多自我评价性的情绪，比如说骄傲、内疚和羞愧。这些都是高级情绪，也是我们要重点关注的。之前我们讲过，对待孩子既要温柔又要讲原则，对他们犯的错也必须进行正确的教育和指导。当孩子犯错误的时候，要非常注重你的批评引发的"内疚"和"羞愧"这两种情绪。每个孩子在犯错后，都会产生一些内疚感，即使你不批评他们，孩子也会试图想办法去弥补他们的错误。比如说，哥哥为了抢糖果把小弟弟推倒了，惹得弟弟哇哇大哭，只要是家长在旁边皱皱眉头，做出一副严肃的表情，哥哥其实就会感到内疚。经过一段时间的内心斗争，很有可能会把糖果还给弟弟，并且还会做出安抚的动作。心理学家发现，内疚感是孩子们自我反省的一种心理机制，而且不会让他们觉得自己没有价值。但是比起内疚，更强烈的一种自我评价情绪叫作羞愧，一旦他们产生这种感觉，就会非常明显地影响他们的自我价值感和自尊心。所以，感到内疚的孩子会去弥补错误，而感到羞愧的儿童会极力去掩饰和否定错误，并且不愿意承担后果。

这也引申出一个问题，如果你想让孩子在每一次犯错中，通过自我反省来变得更好，那你要做的就是用所有的教育行为引导内疚感，而不是引发羞愧感。如果每次在孩子犯错误的时候，你都喜欢用定性、贴标签的方式去刺激他们，比如说："你这个小骗子，又骗妈妈。"或者"又迟到了，你怎么像个'老油条'一样!"孩子听到这样的话,只有一个结果,就是说:"没有!不是我!你才是!"他们不会做任何改变。

引导内疚有两个方法,一个方法就是让错误结果自然地引发孩子的内疚感。比如说孩子把家里的盘子打碎了,很多幼儿都会有自己去把盘子拼好的倾向。儿童的道德是高于成人的,所以,即使你不批评,他们也会很自觉。**另外一个方法就是通过父母的面部表情,去引发孩子的同理心**。比如说,孩子用手重重地打到了妈妈的脸,妈妈马上做出很痛苦的样子,并且说"妈妈好痛啊!"这时候,2岁以上的宝宝就会很快地用手来抚摸妈妈的脸,好像这种痛就是在他们自己身上一样。当然,也并不是每一次孩子都可以感受到别人的痛苦,需要你抓住机会,等他哪一次摔跤或者弄疼自己的时候,就可以跟他说:"宝宝,你很痛吧!上次你打妈妈的时候也有这么痛哦,以后不能再打妈妈啦!"这样一说,就把孩子自己身上的痛和妈妈上次的痛联系在一起了。孩子从此明白了,原来打人是会让人这么难受的,你的这一次同理心教育也就成功了!

给你们提供一个小宝宝情绪识别的使用贴士。在宝宝不会说话的时候,要学会识别他们的每一种哭和笑的含义,并且学会满足和延迟宝宝的需求。等到他们出现了和自我意识相关的情绪时,就是培养孩子自律、减少他律的最好机会。犯错误的时候要多给孩子反省和自我调节的机会,尽量利用他们自己的"内疚感"去改善行为,而不要滥用评价和贴标签。**总之,情绪是孩子对成长环境的综合评价,接纳情绪就是他向你发出反馈信号**,而你只需要记录这些情绪信号,好好研究还有什么是孩子需要的,用各种方式满足他们就可以了!

三个工具,安抚你的小宝宝

正在带娃的爸爸妈妈们,会面临一个很常见的问题,就是对宝宝的安抚。任何一个宝宝,从妈妈的子宫来到外面的世界,都是缺乏安全感的,所以他们特别喜欢爸爸妈妈的怀抱，有的宝宝甚至需要妈妈整夜抱着睡觉。但这就产生了一个矛盾，妈妈也不是铁人，不可能时时刻刻把宝宝挂在身上，而且很多妈妈在宝宝几个月大的时候，就要去上班了，所以能够通过拥抱来安抚宝宝的时间又大大减少了。

能不能训练宝宝不要父母抱呢？我们在前面已经说过，有一种所谓的"哭声免疫法"[一]，就是宝宝哭不去抱，久而久之他们就会不要你抱，而且不哭了。这个方法虽然可以训练出一个哭泣更少的宝宝，但是 6 个月以下的孩子的神经系统非常不成熟，如果不抱不安抚，可能会对他们的安全感和健康产生非常严重的损害。所以，"哭声免疫法"是极不可取的。

那在这种"抱"与"不抱"的矛盾中，我们该怎么办呢？别焦虑，安抚宝宝除了抱，还有三个好工具！

我们来回忆一下，安抚婴儿最重要的三件事是拥抱、抚摸和互动。这是伟大的心理学家哈洛根据著名的恒河猴母爱实验[二]得出的结论。小猴子在失去母亲以后，哈洛为它们准备了一个有奶的"铁丝妈妈"和一个没有奶的"毛毯妈妈"。小猴子都是成天趴在"毛毯妈妈"的身上，而只有在饿了的时候才到"铁丝妈妈"那里喝奶。吃饱了以后，小猴子又会迅速地回到毛毯妈妈那里。所以对于婴儿的安抚也是一样，首先要满足宝宝们在触觉上的舒适。对于他们来说，有安抚作用的物品可以帮助孩子培养自我安抚的能力，这种能力就是从脱离父母的"抱抱"开始的。年幼的孩子脱离父母需要一种过渡性的安抚物品，它可以成为父母不在的时候照顾者的象征——它可以像妈妈的拥抱一样提供平静和喜乐。我们社群有一位妈妈跟我说，自己不能全天照顾宝宝，结果孩子显得焦躁不安，但是后来无意

[一] 哭声免疫法（cry it out），"哭了不抱，不哭才抱"的哭声免疫法、完整睡眠训练法，这些方法的确可以训练出一个极少哭闹、让妈妈省力的乖宝宝。但这种方法受到了学界巨大的争议，认为这种方式会极大地破坏孩子的安全感，造成严重的心理创伤。

[二] 恒河猴母爱实验，美国威斯康辛大学动物心理学家哈里·哈洛在恒河猴身上做了一系列关于母婴依恋的动物实验，为人类依恋研究做出了巨大贡献。

之中给了宝宝一件自己穿的棉质内衣，结果宝宝抱着这件内衣睡得很香。**其实，这就是我们所说的第一种安抚工具：安抚毯和毛绒玩具。**

　　心理学家告诉我们，婴儿在 5~9 个月的时候，会对毯子和毛绒玩具产生非常强烈的依赖情绪，因为这个时候的动作发展让宝宝们逐渐可以抓握东西，而且在 5 个月以后，他们会发现：原来爸爸妈妈有时也是会离开我的。那么在孤独的时候，什么可以依靠呢？就是安抚毛毯和毛绒玩具。所以，当你发现 5 个月到 1 岁的宝宝不好安抚的时候，就去给他买一条安抚毛毯或者一个可爱的毛绒玩具。安抚毛毯是专门为宝宝定制的，注意材料一定要环保无毒，而且你要定期清洗和更换。

　　有一种情况是需要我们特别注意的，就是孩子长到五六岁的时候，他们还离不开一个毛绒玩具或者是毛毯，这时候你就要好好反思了，你在这段时间到底有没有人为地破坏孩子的安全感，让他们迟迟都没有结束从物品获取依赖感的阶段。一些无知的父母可能会觉得，你现在已经长大了，为什么还成天抱着一个玩具熊，是时候玩些大孩子玩的东西了。于是粗暴地把他们的玩具抢过来，然后给他们安排更"成熟"的玩具。这个时候你根本不知道孩子们有多绝望，本来你就没有给他安全感，不仅不反思，还要把他唯一能够依赖的玩具抢走。如果你是孩子的话，你会怎么想呢？

　　除了毛绒玩具和毛毯，第二种安抚工具你肯定也听说过：安抚奶嘴。关于安抚奶嘴的使用有很多的争议，有人认为它可以带来安全感，而另外一派认为，它可能会让儿童形成依赖，导致孩子年龄很大了都需要一直含着。你看，就连贝克汉姆的小女儿"小七"到了 6 岁时还需要"安抚奶嘴"呢。所以，很多人也不知道到底应不应该使用它。

　　关于要不要使用安抚奶嘴，首先我们应该知道，孩子在 2 岁以前都存在一个所谓的"口腔敏感期"，他们抓住什么东西都喜欢用嘴来探索，这可以提供安全感。所以，从这个动作来看，安抚奶嘴确实可以实现安抚的效果。我们再来看看美国儿童科学会对安抚奶嘴的说明："安抚奶嘴可以给婴儿提供平静和安详的状态，并且能预防婴儿猝死综合征。"（Hauck et al., 2003）所以，建议1岁以下的孩子午睡时和夜间都要持续使用安抚奶嘴。和毛绒玩具一样，安抚奶嘴也是帮助孩子适应新环境的过渡性物品。

当然，安抚奶嘴有时候确实会让孩子迷恋它的安抚作用，以至于时时刻刻都会依赖它，而且奶嘴用久了也会容易老化，造成健康上的影响。所以，你如果决定用这种奶嘴，也要注意一下它的使用方式，尽量在孩子1岁以前使用，用到3岁当然也没关系，因为孩子越大，他们越容易受周围小朋友的社交压力，从而自己放弃奶嘴。如果他们真的对奶嘴上瘾了，你可能需要对孩子做一些限制。比如说，只允许他在睡觉或者坐车的时候使用，出去旅游不能带奶嘴。孩子到了一定年龄，你可以偷偷地把奶嘴剪一个大洞，破坏奶嘴的口感，让他自动放弃使用。就算是需要一点过渡的时间，只要他们的安全感没有被人为破坏，每一个孩子都可以顺利度过这个断奶嘴的过程！

大家可能不太能接受宝宝吮吸手指。但是，这是他们第三种自我安抚的工具，而且很有效。对于宝宝吮吸手指，家长一般会这样表现："啊呀，又把手放在嘴里，快拿出来！再不拿出来我打手了啊！"有的父母甚至还用在孩子手上涂抹辣椒、芥末的方式来阻止孩子吃手，还美其名曰"厌恶疗法"⊖，让人哭笑不得。

要知道吮吸手指是孩子很自然的行为，和用安抚奶嘴一样，都能够让孩子平静和放松。有一半以上的孩子在3岁以后，就会停止吃手。但是像我们群里，很多四五岁的孩子都还在吃手，其实也不用担心。只有一种情况是需要注意的，那就是如果你家宝宝整天大部分的时间都在吃手，这时候你应该想一想，孩子最近是不是遇到了很大的压力，而这种压力是你

⊖ 厌恶疗法（aversion therapy）：又称对抗性发射疗法，是一种运用具有惩罚的厌恶刺激来矫正和消除某些适应不良行为的方法。

们没有发觉的。所以，你的首要任务是寻找他的压力源，然后帮助他减轻压力，而不是无视他的紧张，只是用强力阻止孩子吃手的举动。当然，可能你会问，我要是一直顺着他，他是不是很大了都会吃手啊？根据我的经验，我们没有办法给孩子什么时候不吃手定一个准确的时间，也许要等到他们进入集体生活以后，迫于大家的眼光才会放弃吃手；或者是他们找到了一件更好玩的事情，转移了注意力，才会改变。

如果吮吸手指是一种能够让孩子感到舒服的方法，那为什么不让他们继续呢？你要做的就是，让他每天多洗几次手就可以了。相比吃手的负面影响，强行不让孩子吃手，反而会让他们这种欲求在长大后转化为对其他安抚方式的依赖，比如说烟草、酒精甚至毒品。

我们以上所讲的三种安抚工具，主要是通过外部的物品来作为养育者的替代品。但如果你想让孩子真正感觉到安全和平静，还是要依靠妈妈、爸爸的亲身陪伴和亲密互动。也许真的很累、很辛苦，特别是对于那些身在职场的爸爸妈妈来说，我自己也深有体会。但我觉得，我的每一次陪伴和亲密的回报都是超出我的预期的。不光是宝宝的成长更健康，还有我自己内心成就感的满足。如果你没有体会过这种感觉，那就从现在开始，好好感受吧！

每个孩子都有的分离焦虑

我曾接诊过这样一个案例。来访者是一个 7 岁小女孩的妈妈，女儿要上二年级了，可是却非常抗拒去学校。每次要上学的时候，女儿要么把自己锁在房间里不肯出来，要么就哭闹不停，说自己"胃疼""想吐"，反正就是不能去上学。即使好不容易把她劝进课堂，她也无法好好上课，总是一副注意力不集中、神游天外的模样。因为她老是会分神去担心：妈妈是不是被坏人抓走了，或者是不是遇到了车祸，每次想到这里，她总会双手

发抖,手心出汗,胸口怦怦乱跳,一副坐立不安的样子。老师觉得她不对劲,通知家长来接她回家。只要看到妈妈,她就要紧紧地抱住妈妈,反复确认妈妈不会离开她。晚上还经常做噩梦,不敢一个人睡在房间里,半夜总是忍不住要跑到父母的房间,要求跟妈妈一起睡觉。女儿这一系列的行为,让全家人都非常担心。

这样的例子,在我遇到的学龄前儿童身上也经常发生。

你可能要问:这个孩子到底怎么了?

其实,这就是一个典型的患有儿童分离性焦虑障碍的孩子。在医学上,所谓的儿童分离性焦虑障碍,专业解释就是指儿童与其依恋的对象,养育他的爸爸妈妈、爷爷奶奶或者是他所熟悉的家庭环境分离后感到的过度焦虑。这种过度焦虑已经影响到孩子的健康和与其年龄相适应的社会功能状态了,而且,儿童会极力回避让其与依恋对象分离的活动。

分离性焦虑会有哪些表现形式呢?从具体形式来看,不同的年龄会有不同的表现。**比如3岁左右**,就是孩子刚上幼儿园的时候,早上去幼儿园之前,即使妈妈给他们穿好衣服,宝宝也总是躲在某个角落不出来;送到幼儿园门口的时候,他们会大哭不已,抓住亲人不放;在幼儿园里哭泣吵闹,拒绝吃饭,不听老师指令,也不愿意跟其他的小朋友一起玩耍。**到了5~8岁时**,孩子开始有了一些思考能力和表达能力,就会经常出现一些不切实际的担心。比如担心父母被伤害、担心有灾难降临到亲人身上、担心自己会生病,甚至会经常做噩梦,不敢一个人睡觉。**9~12岁的孩子**则会更多地出现对分离的过分苦恼,比如在分离前就过分地担心将要到来的分离;分离的时候表现痛苦、依依不舍;分离后出现过度的情绪反应,比如烦躁不安、注意力不集中、哭泣等;甚至只要是想象和爸爸妈妈分离,就会情绪波动,号啕大哭。**到了少年期**,孩子的表现则是大量的躯体症状。比如我们曾经在门诊看到过很多孩子,他们会出现头疼、头胀、胃痛、恶心等说不明、道不清的症状,而且,只有在学习的时候会特别严重，如果是打游戏、看电视，症状就会减轻。

这些行为在一般的孩子身上多少也会出现一些。但是，如果孩子焦虑的情绪比较严重，出现了很多的身体症状，或者持续的时间超过了1个月，则会对孩子的社会功能造成明显的影响。比如孩子没法去上幼儿园或者是没法继续读书，那他就患上儿童分离性焦虑障碍了。

这种疾病是如何产生的呢？科学研究发现，与父母或者主要照料者有着直接的关系。在临床一线工作十来年，我常常有这样一种感觉，有问题的孩子归根到底是家庭、父母的问题。像儿童分离性焦虑障碍这种症状，就是典型的例子。分离性焦虑有家庭聚集的现象，有遗传病史者高达20%。只要父母容易焦虑，孩子也往往从小就表现出性格内向、胆小、害羞，在面对新环境或者不熟悉的人时常常会出现回避行为。因为父母焦虑，所以从小就会对孩子采用过度控制和过度保护的教育方式，很少给孩子自主权。这样养出来的孩子，就会形成依赖、任性、懒惰等行为。而当他面临新环境、新问题时，会因为完全不知道应该如何处理而惊慌失措，而父母以往焦虑的行为示范，也使得他开始模仿父母的举动，从而出现回避的行为，这样就再次强化了他的焦虑。此外，婴儿期形成不安全型依恋模式也容易使得孩子早早地出现焦虑障碍。

那么，碰到这些分离性焦虑的孩子，我们应该怎么办呢？最好从两个方向入手解决。

第一个方向是改善孩子对"焦虑感"的认知。

孩子在**安全感塑造期（6个月～3岁）**这个阶段，也往往是分离性焦虑出现最多的时候。可是，在这个阶段的孩子，对自我情绪的认识，即对于"焦虑"的理解，还不是很到位。在他们眼中，可能只有"开心""不开心""身体很舒服""身体不舒服""害怕""不害怕"几种简单的感受。所以，每当因为"焦虑"而出现茫然、痛苦的时候，孩子们完全不知道自己怎么了，应该怎么办，而我们需要做的事情，就是帮助孩子，让他知道这个时候,他有焦虑情绪了。焦虑不是危险分子,是可以解决的。这就好像爸爸妈妈告诉孩子,马路上呼啸而过的钢铁怪物其实就是小汽车,它是一个代步的工具,可以帮助我们节省时间一样。不过,如果你担心自己会不小心被汽车撞到,那你经过汽车的时候,慢一点儿,小心一点儿,遵守规则就好了。你甚至还可以用小玩具跟孩子演示一下汽车经过的场景,这样,孩子是不是就不怕汽车,甚至还非常喜欢汽车了呢?

那现实中具体该怎么做,才能解决孩子的分离性焦虑问题呢?我相信只要掌握了原则,每个爸爸妈妈都是天才创意者,肯定能创造出适合自己孩子的方法。举个例子,比如孩子不愿意去幼儿园,或者不愿意去小学,哭泣吵闹,该怎么办呢?我们先要肯定孩子的感受,并且要告诉他,这个就是焦虑的情绪,确实会让你感觉到不舒服,爸爸妈妈在小时候也都经历过。千万不能嘲笑或者呵斥孩子,说"你怎么这么没出息""一点儿小事情就哭"等。也绝对不能因为孩子的哭泣,就心疼不已,对孩子上学后的情形自己也感到焦虑。我们可以给孩子一些时间来平复情绪,然后帮他一起想象,在幼儿园或者学校里,可能会发生什么开心的事情,或者碰到麻烦,应该如何处理。当孩子对未来有了乐观的预期,或者是对可能发生的糟糕的事情知道如何去应对了,他就不会那么焦虑了。最后,还要跟孩子做一个很有仪式感的道别——爸爸妈妈很庄重地跟孩子说"再见",让孩子也很庄重地回应"再见"。你们甚至可以约定一个有趣的表示"再见"的特殊的动作,比如挥手6下,敬个礼,然后再转个圈等。这样做,能够增加孩子的掌控感,也能建立他的安全感。

第二个方向是要结合家庭的力量去处理。

之前我提到过,儿童分离性焦虑是有家族聚集性的,焦虑孩子的情绪体验以及行为方式往往是从父母身上学到的。所以,我们也要反思一下自己的情绪以及在孩子的问题上,是不是过度担心和包办,或者几乎不管,这两种情况都会使孩子的情绪出问题。如果父母通过反思，发现自己和孩子互动的方式不对，可以先调整自己的心态或者是婚姻状况，要记得，一定要为孩子设置恰当的空间和界限，给足他们自己去决定和承担结果的空间，这样才能让他在将来更好地适应社会。

> **总结**
>
> 在孩子的成长过程中，分离性焦虑的出现是非常常见的。96%以上的孩子都能随着时间逐渐恢复过来，只有那些有对立违抗障碍[一]、注意缺陷多动障碍[二]或者是父母婚姻出现严重问题的孩子，才会长久地存在分离性焦虑。所以，在教育孩子上，大道至简的法则依旧存在。

如何搞定乱发脾气的孩子

我们大多数父母都对孩子发脾气这件事感到很苦恼，不知道该如何应对。

首先我们要了解什么是乱发脾气，有时候孩子表面上看起来像是发脾气，其实只是和你闹着玩，或者是小打小闹，我们不需要过多地干预；假如他一边嘟囔着"凭什么"一边却还是照着你说的话做，这是轻度的情绪爆发，我们不需要理会；假如孩子生气，"砰"的一声把门关上，躲进自己的小房间，我们也可以不插手；如果孩子生气，并没有动手打人，

[一] 对立违抗障碍（ODD），多见于10岁以下儿童，主要表现为明显不服从、对抗、消极抵抗、易激惹或挑衅等令人厌烦的行为特征。

[二] 注意缺陷多动障碍（ADHD），在我国称为多动症，是儿童期常见的一类心理障碍。表现为与年龄和发育水平不相称的注意力不集中和注意时间短暂、活动过度和冲动，常伴有学习困难、品行障碍和适应不良。

只是大叫着"我讨厌你,我讨厌爸爸,我讨厌妈妈",我们同样不需要干涉。

那乱发脾气到底指什么?如果你和孩子发生了冲突,孩子不停地尖叫号哭,即使你说别闹了,孩子也停不下来,还会掐你、打你,甚至乱扔东西,这个时候,家长就该好好管管了。

怎么管?哪一种管才是最合适的呢?很多家长说,我一巴掌打过去,孩子就不敢闹了,但有的家长又说,我不管怎么打他,他依然在闹,闹得都烦死了。最后,我只好说:"你闹,我走可以吗?"可孩子又跟上来,一把抱住家长的大腿,一把鼻涕一把眼泪,父母又心软了。

到底该打还是不该打,我们不帮大家做决定,可是有没有父母想过,温和地坚持也许是一种比较好的办法。

什么是温和地坚持呢?

首先尽量看着孩子的眼睛,告诉孩子不要再闹了,不要大声呵斥,但语气要坚决,声音要响亮,让孩子听清楚你的话,然后站在一旁看着他,大约15秒钟,如果孩子还在闹,你就要告诉他后果:"如果你再继续这样,那你就得去面壁思过。"说这些话的时候,你也要和孩子保持眼神的交流。**面壁思过是行为治疗中的隔离法,和传统意义上的"面壁"并不一样。**

说完之后,你就站在一旁盯着孩子,大约15秒钟,如果他仍然在闹,你就要告诉他:"现在,你要面壁思过。"尽量让他自己去面壁思过的地点,如果不得已则采取强制的手段,语气严肃地告诉他:"没有我的允许,你不能走开!"倘若孩子还是又哭又闹,你可以严肃地说:"你越闹,待在这里的时间就会越长。"

假如孩子要跑,你要把他拽回来,温和而坚定地再说一遍你的要求。当孩子在面壁思过的地点变得冷静时开始计时,面壁思过的时间长短主要与孩子的年龄大小、孩子行为的严重性有关,一般来说,1岁1分钟,5

岁5分钟，7岁7分钟，依此类推。

不过有研究表明，对于年幼的孩子，短一点儿的时间同样奏效。我们通常建议家长，对于5岁或5岁以下的孩子，2分钟就够了，而对于大一点儿的孩子，你可以根据几岁几分钟的原则来让他面壁思过。

孩子在面壁思过的过程中哭喊几声是很正常的，只要不是歇斯底里地叫，一定要确保孩子冷静下来时再开始计时，你也可以提醒孩子，如果他中途要闹，又得等他冷静下来再重新计时。

在此期间，不要和孩子说话，不要回答他的任何问题。

至于面壁思过的确切时间，你自己清楚就可以了，不需要告诉孩子，给孩子传达的信息应该是家长有权决定他何时开始面壁思过，何时结束。这一点，表面看起来似乎微不足道，但在我们和乱发脾气的孩子打交道中尤为重要，它可以传递出家长的权威性。

孩子面壁思过的时间到了，你就得去问他："你知道我为什么让你待在这儿吗？"你依然要冷静，不能大声吼叫或训斥孩子，然后再严肃地告诉他："如果你以后再这样的话，我会继续让你面壁思过。"说完你就可以让他离开面壁思过的地点了。

这能让孩子学会反思自己的行为，让他明白，以后要学着控制自己的情绪，否则会给自己带来麻烦。

面壁思过结束，你可以让他回到先前发脾气的活动中去，给孩子重新做决定的机会，让孩子学到更多。不过，不到3岁的孩子，请不要问这样的问题。

此外，你让孩子面壁思过时说到的某种惩罚一定要兑现。比方说，如果你再不做好这件事，就不能再看电视了。假如孩子没有在意这句话，你可以在亲自帮他把那件事情处理好的同时，再对孩子说一遍："你如果不做好这件事，今天就不能再看电视。"那么面壁思过结束之后，我们就需要兑现"今天不许再看电视"的处罚，让他为他没有做好那件事情付出代价。

总之，针对没有攻击行为的脾气发作，面壁思过是一个非常好的方法。这个方法就是让孩子停下手上的活动，告诉孩子后果，把孩子送到面壁思过的地点，当孩子在面壁思过时，你必须非常冷静，直到得到你的允许才可以离开，重获自由之后，孩子可以继续他先前的活动。

对5岁以下的小孩，可以稍加调整面壁思过的方法，你可以使用数数的方法。当孩子发脾气时，靠近他，尽量直视他的眼睛，然后语气坚定地说："我数到三，你必须马上停下来。"数"一"的同时，伸出一根指头，继续盯着他的眼睛。如果他还在闹，就数二，再伸出两根指头，继续看着他。再等5秒左右，如果他还不停下来，你就数三，然后把他带到面壁思过的地点。这个方法对于年幼的孩子效果也很好。

假如孩子还有攻击行为，比方说在房间里乱扔东西，故意毁坏物品，动手用力地打你，或者坐在地上乱扑腾，你就要对孩子进行限制了，最好是把孩子放在常见的靠背椅上，轻轻抓住他的手腕，同时走到他的身后，让孩子的胳膊背在后面，这种方法比正面抱住孩子更好。

第一，这样孩子咬不到你、踢不到你、抓不到你，你能专心与孩子说话。

第二，这一招很省力，我们能轻而易举就做到。

第三，从背后来限制孩子，可以降低家长的侵略性，减少激化你们和孩子坏情绪的可能。

当然，抓住孩子的时候，你应该尽量温和而坚定地告诉孩子："如果你停下来，我就放开你。"可以多说几遍。如果孩子不再乱扑腾了，你就放开他的手并告诉他："待在椅子上。"但还是要提防孩子再次动手打你。

你第一次这样做的时候，可能得反反复复地进行好几个回合，但别灰心丧气，只要孩子知道你不会轻易投降，以后就会减少攻击行为。

除了温和地坚持外，与其硬碰硬地教训坏脾气的孩子，还不如给他讲故事，通过故事的方式，慢慢地把正确的观念植入他的心中。在故事里，孩子不仅能身临其境地获得切实的感受，还更容易受故事里主人公教训的感染，从而向正确的处世言行靠拢，比你唠叨千万遍来得更为实际。比如《野兽国》《生气汤》都是很好的情绪绘本故事。

也有父母问我："一个故事可以重复讲吗？"当然可以！有研究表明，孩子喜欢一个故事重复地讲，反复的次数越多，故事对孩子的影响就越大。孩子们可以在故事里找到他崇拜的人、想模仿的人物，也就愿意改变那些坏习惯。

孩子发脾气的三个理由

面壁思过和讲故事的方法虽然很有效，但我们需要区别一种情况。如果孩子发脾气并不是无理取闹，而确实是他们的内心需求，那我们再要让他们去"思过"，就不对了！

那到底我们应该怎样去了解孩子发脾气的真正原因呢？

很多来找我的妈妈通常开场白是这样的："老师，我的孩子脾气一点儿都不好，在家里稍有不如意，一点儿小事就能让他立刻大哭，严重的时候还在地上打滚、摔东西；在学校里，遇到自己不开心的事情就打小朋友、摔凳子，甚至钻到桌子底下去。我们跟他讲道理讲不通，有时候我们气不过也会打他，结果越打越犟。你说我怎么办啊？"

这个问题其实透露出我们内心中的一个观点，那就是：孩子发脾气是不应该的！孩子发脾气，一定是坏习惯吗？

请父母们一定要注意到一个基本事实：孩子的内心是一个神秘世界，他们会用行动来表达自己的感受。然而，并不是所有的家长都能正确理解孩子的情绪，孩子们常常被误会、被批评，但是在他们内心深处并不知道自己为什么错了，他们又不会用恰当的语言与父母好好沟通，于是一次又

一次被父母们贴上"坏脾气"的标签。因此，我们需要花点儿心思和耐心来读懂孩子的"坏脾气"。

那么哪些情况是需要父母们理解，而不是一味惩罚呢？

第一种情况就是，在宝宝处于运动能力发展时期，他们会有非常强烈的运动和探索的需求。

有位妈妈和我说，她的宝宝总是喜欢自己架起凳子爬到桌子上去拿东西，爸爸妈妈因为担心孩子会摔倒，于是好心把凳子拿走，直接把桌子上的东西递给了孩子，这时候，孩子却发起脾气来！妈妈说："我就不明白，我们都把他要的东西拿给他了，为什么他还要发脾气，并且这样的事情常有发生，这到底是为什么啊？"

我相信这位妈妈所说的情景在很多家庭当中都发生过。

其实，我非常理解父母们的担忧。随着孩子体格的快速发展，他们的身体活动能力慢慢开始成熟，很多事情其实他们自己可以做到。因此，孩子们会很渴望扩大自己独立活动的范围，不断去尝试一些新的事情。这就是我们之前说的"用身体探索世界"的概念。

但这种现象，很多父母不理解，他们爱子心切，担心孩子受伤、做不好等，于是干脆不准他们去探索，反而代替他们完成了那些事情。但是你们想一想，你们可以代替孩子完成事情，但你们可以代替他们成长吗？

当然，父母的担心也是可以理解的，但是，你们可不能因为你们的担心，就限制了孩子运动能力的发展，这样做就有点"因噎废食"了！

正确的做法是，首先确定孩子的活动是否安全。如果凳子没有架稳，父母帮孩子把凳子架稳；如果孩子拿的东西有危险性，比如说玻璃瓶、开水壶什么的，爸妈可以先收好，让孩子去拿那些比较安全的替代品。

其次，要用鼓励的眼神观察孩子的活动，当孩子向你们发出明确的求助信号时就伸出援助之手，温和地告诉孩子实现目标的方法并做示范，然后静静地等待孩子去实现自己的目标。

最后，当孩子成功实现了目标时，给孩子一个充满爱的拥抱和美好的微笑；如果孩子失败了，也不能马上代替他去做，而是应该鼓励他重新来一次，这样可以保护他的自信心。原则就是："不要因为担心的牢笼而束缚了会飞的孩子。"

第二种情况就是，当孩子的自我意识发展时，如果他们的需求没有得到满足，他们也会发脾气。

我们经常听到父母警告孩子："不能抢其他小朋友的东西！"可孩子看到其他小朋友手中有自己喜欢的东西，他们会把父母的教导忘得一干二净，以迅雷不及掩耳之势把东西抢过来。

这会产生两种结果：第一种结果是孩子成功地抢了过来，心里美滋滋的，但如果被发现，马上就会遭到父母的批评；第二种结果是他没有抢到，认为自己想做的事情没有做成功，产生挫折感，心中更是懊恼。

其实，孩子在两三岁就有了自我意识的发展。什么叫"自我意识"呢？自我意识通俗地说就是孩子能从照片、录像中认出自己，并且能够运用人称代词"我""你""他"来区分自己和别人。随着自我意识的不断发展，孩子渐渐可以分辨出哪些事情可以让别人做，哪些事情是可以自己做的。这个时候，心理学里所说的"第一反抗期"就出现了。这个时候，孩子会向父母宣告"我的地盘、我的事情，我做主！"

人的一生中都要经历两次"逆反期"。第一次是2～3岁的时候，你会发现孩子不那么听话了，很多事情都喜欢拒绝你，和你对着干；而第二次逆反期就是我们熟悉的"青春期"。

这两次"逆反期"其实都是孩子"自我意识"发展的需要，也是孩子心理成长不可缺少的过程。如果你的孩子正好处于第一逆反期，你就必须认识到这是儿童心理发展的正常现象。这个时候会出现一个矛盾，也就是孩子自己认为"我长大啦""我要有自己的想法"，但是父母认为"你还只是一个小屁孩"！

我们需要通过什么方法来解决这个矛盾，满足孩子的需求呢？首先，我们可以通过游戏活动，特别是扮演社会角色的游戏活动，来满足孩子参与社会生活活动的需要；其次，持之以恒地训练孩子的生活自理能力，或让孩子做力所能及的家务劳动，并表扬孩子的具体行为，以体现孩子"很能干"的价值感；最后，父母充分了解孩子的优点及爱好，以民主的教育方式有针对性地培养孩子的爱好，发挥孩子的优点，以满足孩子的成就感。

除了以上两点以外，还有一种孩子可能会发脾气的情况，就是他们的情绪控制力差。

在儿童时期，孩子年龄越小，情绪控制能力越弱，一旦有不如意的事情，他们就会毫不掩饰地表现出来，吵嚷哭闹是他们的主要表现方式。很多父母对此很不理解，只想去制止孩子发脾气，可结果却恰好相反，孩子发脾气这个行为反而得到了强化。

其实，做好孩子的情绪管理工作，并没有那么难。

对于各位父母来说，**要做的第一步，就是接纳孩子的情绪，帮助他识别自己的各种情绪**。父母在生活中需要随时指出孩子的各种情绪，快乐、愤怒、伤心、害怕、自豪等，不断丰富孩子的情绪词汇库，比如说："宝宝，你刚才很生气对不对？""你刚才是不是很害怕？"需要注意的是，有时当孩子很生气时，他会对这种情绪识别反感，完全不听，父母可以等孩子平静下来后，再去聊刚才的感受。

第二步，我们要从孩子的角度，随时品味生活中美好的细节。比如，我们走在路边，常常看到夕阳的颜色，有时候是红色的，孩子会说有草莓的味道；有时候是金色的，孩子会说是橙子的味道。冬天下雪了，孩子会说树上好多的棉花糖，我们住在冰雪王国里。这个时候，父母也应该用孩子的观点和孩子一起看这些事物，这样做会激发孩子很多积极的元素，并且可以让他们通过想象让自己更加快乐。

第三步，让孩子不做"被情绪绑架的人"，教会孩子对自己的情绪和行为负责。父母也需要对自己的情绪和行为负责，如果我们因为跟孩子无关的事情有了消极情绪，那就跟孩子说："妈妈这会儿因为别的事情心情不好，所以妈妈先自己待一会儿，等心情好了再跟你玩。"这样，孩子也可以学会：当他有消极情绪时，也自己先冷静一会儿，练习自己去处理；他也会意识到，有消极情绪不是什么错事。如果你的消极情绪和孩子的消极情绪有关，等他情绪好了，跟孩子说："你知不知道，你哭闹的时候，妈妈真的很烦，而且你一哭，也耽误了自己的时间，你早点儿过来吃饭，就可以多玩一会儿了，这样多好啊！"

> **总结**
>
> 作为父母，在孩子发脾气的时候，首先需要承认孩子情绪的合理性，找到他们发脾气背后的需求，然后再通过这些需求，有针对性地去满足他们。我相信，如果你们能做到这些，孩子也会在成长中慢慢学会管理自己的情绪，成为一个"不被情绪绑架的人"。

如何面对孩子的哭泣

每当你家孩子哭泣的时候，你会有什么表现？你会不会马上就变得心烦意乱，然后你的好心情一下子就消失了。你的直觉告诉你，第一时间就是要去止住他的哭声，你可能会去安慰或者劝阻孩子，或者转移他的注意力。大部分家长认为，只要我能够阻止孩子的哭泣，麻烦就过去了。如果你保持这种思路去带娃，那他很多的行为将被"哭"这个动作所控制，导致你无法做出正确的亲子沟通行为。

孩子哭的方式和原因有很多，他们有时候是默默流泪或者小声抽泣，

有时候可能是号啕大哭、歇斯底里地哭。而我们经常不会先去思考，孩子到底为什么哭，他是恐惧还是愤怒？是沮丧还是伤心？

下面我列举父母平时在孩子哭的时候可能做出的反应，我把这些行为总结成了六种套路，请看看你使用了哪几条。

第一种：威胁型

"不准哭！"

我经常会看到有些爸爸们喜欢这样威胁孩子。只要遇到孩子哭的情况，他们就会一边这样威胁一边把自己的大手举起来，做出要打人的手势。如果孩子多哭几声，他们可能真的就打下去了。还有另外一种见得最多的情况，一般是在马路旁，一个妈妈对着孩子说："你再哭我就走了！"然后就真的做出了要走的样子。

这种方式背后的含义就是用恐惧感来迫使孩子停止哭泣，用行动告诉孩子你哭就会挨打，就会被妈妈抛弃。

这种方式危害很大，我们在成年以后的那种莫名其妙的压抑感，很多时候就是因为我们"哭"这个发泄渠道被强行关闭了。

第二种：说教型

"哭有什么用，你要想办法解决问题啊！"

"你看看，其他的小朋友都去玩游戏了，你多去几次就会喜欢了！"

这种方法是在给孩子讲道理，让他们去理解哭解决不了问题，只有去尝试、去想新的办法才能行。我们的想法是好的，但是当孩子在心情很差的时候，他是没有办法让自己冷静下来去想办法的。所以，这种方式是我们家长在代替孩子去想问题，用我们成人的思维去看儿童的困难。而孩子的困难放在我们身上微不足道，但在他们看来却非常严重。所以，这同样也是一种不理解。

第三种：评价型

"宝宝，一点儿小事就哭，不是男子汉了！"

"你已经 5 岁了，怎么还像个刚出生的小宝宝？"

这种方法看似在给孩子做一个更加坚强的引导，希望他能够像一个大人一样去面对挫折，但同样存在问题，他如果能承受得了，肯定也不会哭。哭泣肯定是因为他感觉有些无助或者痛苦。而且，评价的另外一个坏处就是，你在干扰孩子对挫折背后意义的思考，你会让他觉得遇到挫折就哭是丢人的，他们心里会想："妈妈说不应该哭，但我还是忍不住，所以我是一个脆弱、爱哭的小朋友。"

第四种：分散注意力型

"宝宝，别哭了，看那边是什么？"

"走吧，妈妈给你买个玩具去！"

喜欢用这种方法的爸妈可能觉得自己特别机智，只要我们一忽悠，孩子可能就不会哭了。这种方法会奏效，但是也存在问题。对于年龄小的孩子，你可以分散他们的注意力，但是如果孩子长到更大的时候，他仍然会专注于自己的痛苦，继续哭下去。通过买玩具来阻止孩子哭的方法，很容易让他们把哭当成获得奖励的工具，这会促使他们为了获得奖励而再一次哭泣。

第五种：调查型

一般发生在小朋友们发生冲突以后，如果孩子在冲突中哭了，你可能会说："谁打你？他为什么打你？打你哪了？谁先动手的？"我们这样问的目的是在调查原因，但是容易把孩子的思考引导到谁欺负我，我有多疼、多委屈上！他们会开始想："对，都是那个小强，是他欺负我的，我好委屈。"这其实切断了孩子思考自己有什么问题，下次应该怎么办的思路。

第六种：同情型

"宝宝好可怜哦，你的腿都摔肿了！"

经常这样说的父母们，可能目的是为了和孩子共情，让他得到爸妈的安抚。我觉得这个出发点是好的，但是如果你在用同情的语气，就会让他们把注意力集中在自己可怜和脆弱的一面，阻止积极思维的到来。

你们看，这些话中哪些是你经常说的呢？我问过很多家长，90%以上都说过这些话。那我们在孩子哭泣的时候，究竟该怎么做呢？

在说方法之前，我要告诉你们：哭是有很大的正面功能的！

我们可能担心，孩子哭是不是他胆小、脆弱，或者是他脾气太大。但实际上，哭就是在愈合自己的创伤。你有没有发现，我们大人压力很大的时候，如果哭一场会感觉整个人好很多，所以，哭泣就是自然恢复的过程，它可以帮助孩子缓解受伤后的疼痛，减少那些恐惧，发泄愤怒。所以如果你愿意给孩子机会，让他用"哭"的方式排解负面情绪，他会慢慢变得更坚强和自信。

有时候，哭并不是由挫折而导致的，而是因为日常生活中那种小情绪慢慢积累起来，最终遇到了一个导火索所导致的，比如说有时候摔了一跤，结果孩子却开始哭起来了。就像我们大人，在工作中遇到了很多不顺，我们肯定不会当场大哭，但是等到夜深人静的时候，你突然听到一首动情的歌，结果一下子潸然泪下。其实，这个原理也可以用在孩子身上。

很多家长感到很奇怪："为什么我走了以后孩子好好的，结果我一来接他就开始哭哭啼啼，难道他讨厌我吗？"

这是因为，他们不知道孩子还有一个特点，就是喜欢把他们生活中积累的痛苦和不愉快，都发泄在他们认为最安全的人面前。如果他觉得身边的人不安全，反而会试图忍住不哭泣，至少不会放开了不管不顾地哭。所以，孩子要是再在你面前哭，就把这看成是他对你的信任，然后给予奖励，这个时候，你的心态就完全不一样了。

其实最重要的是，当父母发现孩子哭泣时，究竟应该做些什么？我通过自己的学习和实践，总结了几条建议。

当你发现孩子开始哭的时候，**第一件事情就是检查他有没有受伤，环境是不是安全**。在确认身体上没有创伤以后，你可以开始做**第二件事情：靠近孩子，轻轻地搂住他，然后温柔地看着他**。要注意的是，这个时候不要流露出不安，不要给忠告，更不要对他的情绪做出评价。抱着他，陪着他，让他自然地哭泣，不要有任何的时间限制，不要说，我给你1分钟，1分钟后就不能哭了。

如果你发现，孩子在害怕某一个东西，比如说一只狗或者是某种虫子，你可以用坚定的语气告诉他："我会保护你，不让你受到伤害。"

如果孩子从哭泣慢慢地趋于平静，你再温和地让他把烦恼告诉你。问："宝贝，究竟是什么让你这么伤心啊？"如果他哭累了，就让他去好好休息或者是睡一觉。

如果你每次在孩子哭泣的时候，内心都能保持平静，温和地陪伴，耐心地倾听，你就会发现，他的每一次哭泣都会有所收获，他身上的领悟力、热情和创造力都会得到提升。当他今后再遇到同样的挫折时，就会变得更加有抵抗力。

总结

孩子的哭泣是一种情绪修复的方法，有时候也意味着他需要我们的情感支持和帮助。我们要做的应该是：不阻止，允许和肯定情绪，给予倾听和抚慰，然后让孩子在情绪中自我成长。放平心态，一切美好的事物将会自然到来。

怎样和孩子的恐惧相处

"我家孩子不敢坐电梯"——恐惧背后的原理

很多父母经常提关于孩子恐惧的问题，孩子害怕大声说话、害怕陌生男人、怕动物、怕上幼儿园或者是怕考试等。有些父母非常不理解，孩子这个害怕，那个也害怕，怎么得了啊？甚至我们常常会因为孩子的害怕而产生愤怒，认为这是他们胆子小、没出息。如果你真这么想，至少说明了两个问题。首先，你根本不了解儿童的情绪发展，还喜欢站在自己的角度看问题；其次，你也没有真正接纳自己。你之所以会因为孩子的恐惧而发怒，是因为你曾经因为自己的害怕或者无能为力而感到过沮丧，而孩子的害怕引发了你的负面联想。所以，我认为很有必要再来帮大家梳理一下，什么是儿童恐惧，以及遇到恐惧该怎么办。

凡事都有两面性。我们知道，恐惧会带来不好的感觉，让我们退缩和紧张。但是，从生物进化的角度来说，恐惧是人类至关重要的一种情绪，对于儿童自我保护来说简直就是护身符。如果我们没有恐惧感，人类估计早就灭绝了，只是随着年龄的增长，我们会逐渐熟悉很多事物，发现它们是安全的，所以才会把这些东西放到"可信任范围"中。但是我们成人似乎很容易就会忘记我们小时候所遇到的那些害怕的事。实际上，儿童心理学研究证明，12岁以下的孩子每个阶段都有特别容易害怕的东西：6个月以下的婴儿害怕失去支撑，你给他们换垫子的时候，他们容易双手抱住，像小猴子一样去抓握，这就是我们常说的"惊跳反射"，婴儿在遇到巨大的声响时也会有这样的反应；2～4岁的小朋友特别害怕动物，尤其是狗；到了6岁，他们会特别害怕黑暗、雷电，还包括医生，他们可能会把医生想象成非常恐怖的人或者怪兽；你以为长大就不会害怕了吗？不，9～12岁的孩子最害怕的是考试、学习成绩，而且这个年龄的孩子有个特点，就是开始思考死亡，并且特别怕死。他们有可能会经常问爸爸妈妈："我会不会死啊？"他们也会非常害怕坐电梯、飞机。所以，**对于孩子的恐惧，我们的第一个科学态度，应该是搞清楚每个年龄段的孩子到底会害怕什么，对照他们现在害怕的东西，判断一下是否正常。**学习了儿童心理学的精益父母，就不会对这种儿童恐惧现象感到大惊小怪了。

其实，以上所有这些恐惧，都可以说是孩子和我们父母或者说与这个世界的一种沟通。我们群里有一位妈妈说过，自己的女儿三岁半了，从小就害怕长胡子的男人，看到就想跑，自己也不知道是为什么。我要告诉你的是，别说长胡子，就是戴眼镜的人，或者就是一根羽毛都会引起学步期孩子的恐惧。这其实是一种自我保护，他们会用恐惧来防御任何他们觉得不太习惯的形象。这种信号就是："向我证明你不会伤害我，然后我才会接受你——要不我会一直害怕。"

以上这些都是本身会吓着人的事物，此外，还有很多情况是因为生活中真的发生了这样的事情，才让孩子们感到害怕。有这样一个案例，一个8岁的小男孩看到厨房的水管破裂，水从墙壁渗出来。对于8岁的孩子来说，这本来没有什么可怕的，但是他却表现得特别恐惧，并且尖叫起来。父母非常不解，为什么他反应这么大啊？后来爸妈带着他去看心理医生，医生问，孩子小时候有没有发生过与水有关的一些小事故呢？妈妈才想起来，孩子2岁那一年，在给宝宝洗澡的时候，自己突然接到了一个电话，但是出去的时候忘了关浴缸的水龙头，结果宝宝就看着浴缸里的水慢慢上涨，最终溢了出来。这个场面对于2岁的孩子来说是难以承受的。等妈妈回来，只看到一个被吓得号啕大哭的儿子。因此，就算小男孩已经8岁了，还是会被普通的渗水轻易唤醒他当时恐怖的记忆。这就是由过去的现实经历导致的害怕，也再次印证了"恐惧是习得的"！

不过，还有一些孩子害怕的事情，似乎是不太可能发生的事情。比如说，有的孩子总是害怕爸爸妈妈在外面出车祸，或者害怕自己得某种绝症，但其实，他所在的环境是安全的，而且他的身体也很健康。我接受过一个小学三年级男生的咨询，他的妈妈说他每天都特别小心地去检查厨房的煤气和灶台，总是害怕家里会因为煤气泄漏而爆炸，或者家人因此而中毒。但他家的灶台是有防漏保护系统的，而且家里也足够通风，也从来没有出现过任何这方面的事故。按照"恐惧是习得的"这个原理，好像也从来没有受过这方面的刺激。后来，在第三次咨询的时候，我从孩子的嘴里得到了答案，他说他曾经无意中听到邻居说到一个关于"煤气中毒"的事故，两位邻居把这个事故描述得太过于生动，就连细节、中毒人死了的样子都说得很详细，他害怕极了，从此开始每天检查自己家里的煤气有没有关好。

安全和安全感其实是两回事。一个可能发生在千里之外的事故，也可能会让一个人感到很不安全，这也就是为什么在这个网络电视媒体时代，我们总觉得自己身边有很多不安全的事情发生，就是因为网络把世界上不安全的事情都展示到了你的面前，从而让你感到很危险。探寻最终的原因，还是因为我们从某个地方学会了恐惧。如果这种刺激足够强烈，将很有可能导致孩子患上恐惧症。所以，**我们面对孩子恐惧的第二个科学态度就是应该知道：害怕背后一定有原因。**

我曾经听过一个故事。美国有一个孩子的爸爸犯了罪，警察要来抓他。但是当警察发现罪犯和孩子在一起的时候，他们决定换上便装，而且还给孩子买了很多玩具，上演了一场爸爸的老朋友来看他的场景，然后在这个过程中悄悄地实施了抓捕。但孩子直到爸爸离开房间的那一刻，都在开心地玩玩具。我没有办法去考证这个故事的真实性，但如果他们真的是这么做的，我要为这些警察点赞，因为他们保护了孩子幼小的心灵。

那么，我们作为普通父母，应该怎么去面对孩子们的那些恐惧呢？

1. 不制造恐惧。

在我们中国没有做电视节目分级的时候，最好的方法就是完全掌握孩子观看电视、电影的情况。如果你觉得孩子可以独自看成人电视节目的话，说明你在无意中增加让他们看到恐怖画面的机会（不光是电视剧、电影，包括政法新闻什么的都可能出现儿童不能理解和承受的内容）。

经常用"警察来了""你要再调皮，警察叔叔就要把你抓走了"这种话吓唬孩子，会导致两种结果：一是孩子产生恐惧；二是在他们真的遇到危险的时候，不去向警察求助，因为你的话给他的感觉是警察都是可怕的。

还有一种制造恐惧的方法是制造不确定感。比如说，孩子晚上告诉你："妈妈，我觉得床下有怪物。"这个时候，你可以把家里的灯打开，拿手电筒和孩子一起照一下床底下，让他放心。但记住，一定不要在房子里四处搜寻，因为你一旦搜寻，就意味着，怪物不知道藏在哪个角落，就算是你找遍了整个家也无法排除他们的恐惧。你要做的，就是语气坚定地告诉孩子："根本没有怪物！"

2. 不过度保护。

虽然我们要避免自己去吓孩子，但是当他们遇到未知事物产生恐惧的时候，我们要鼓励他们去突破内心的障碍，而不是一味地迁就他们，觉得他们以后不再接触这个恐惧源就可以了，这样会培养出一个胆小的孩子。我们应该怎么做呢？如果你家4岁的孩子怕狗的话，你可以带着他远远地看着狗，先从那种小狗开始接触。比如说那种刚出生不久的狗，用手去摸一摸，感受一下，之后再去接触稍微大一点儿的狗。孩子害怕加入小朋友的团体，你就给他们更多的机会，哪怕是先站在其他孩子旁边玩，然后慢慢地去适应也行。记得，一定要按照孩子自己的节奏，不要有任何批评和催促，你要做的只是：鼓励、鼓励，耐心、耐心。面对恐惧最好的方法就是，让孩子用自己的节奏不断去挑战，突破舒适区。

3. 必要时进行专业治疗。

如果有家长发现自己的孩子有恐惧症，已经影响到正常生活了，请你

带孩子到专业的儿童心理机构去做治疗。当前，对儿童恐惧症效果最明显的治疗方法是"认知行为疗法"，是通过改变儿童对恐惧事物的认知结合行为训练来帮助他们改善症状的。所以在选择心理医生的时候，最好挑选有"认知行为疗法"专业背景的心理治疗师。如果找对了医生，一般治疗5次以内就可以完全治愈孩子的恐惧症了。

　　勇气需要慢慢地培养，我们自己长到这么大，不也经历了很多不安和害怕的过程吗？不是我们做得有多好，只是我们长大以后把这些害怕的画面都忘记了。如果你家孩子有什么害怕的，你要用你的平和、淡定和耐心，让他们像攻克山头一样，一个一个战胜内心的恐惧，最终成为强大而自信的人！

第 4 章

理解孩子：
问题行为背后隐藏的心理原因

如何度过"可怕的两岁"

父母经常会发现这样一个现象：孩子长到两三岁的时候，感觉好像没有以前那么听话了。他们很容易说"不""不要""不行"，而且经常会反抗大人的要求。为什么孩子在这个年龄会出现这样的叛逆行为？父母应该怎样帮助孩子度过**"可怕的两岁"**呢？

其实"两岁现象"涉及一个非常重要的心理学概念——**"自我意识"**。宝宝刚出生的时候，对自己是没有概念的，他们不知道自己是谁，在他们的心目中，人和东西可能都像流星一样转瞬即逝。

当宝宝长到4～10个月大的时候，会产生一种重要的心理特征——"自我效能"（self-efficacy）[⊖]。就是宝宝知道自己有能力实现目标的一种自信和满足感。所以，在这个年龄阶段，他们喜欢到处乱摸，伸手取东西，并且抓住它们。我们平常希望孩子有"自理能力"，而最早的"自理"就是从4～10个月开始的。所以这段时间里，千万不要阻止他们探索的需求。限制会让孩子失去"自我效能感"，会让他们觉得自己好像什么都不能做，之后就会变得胆小退缩了。

在这段时间，婴儿会慢慢把自己和这个世界分开，知道自己和外界的

[⊖] 自我效能：指人对自己是否能够成功地进行某一成就的主观判断。成功经验会增强自我效能，反复的失败会降低自我效能。

东西是不一样的。之前我们说过,为什么要和孩子做躲猫猫游戏呢?就是为了加速孩子区分自己和别人的过程。这个过程叫作"自我一致性"的实现。

比如说4～9个月大的宝宝,他们对自己并不感兴趣,也不会关注自己的形象,你给他们穿什么衣服,怎么摆弄他们都没关系,他不会介意,他们更关心别人的形象。到了15～18个月大的时候,孩子慢慢开始关心自己的形象,心里会想,我是不是也要收拾一下自己啊!18个月以后,他们就真的非常关注自己了,在乎自己的形象了。人的那种自恋、臭美的行为,这个时候就已经开始出现了——18个月以后,你和宝宝玩自拍,他们才会觉得有意思。

心理学家刘易斯做过一个非常经典的实验。(Lewis,1997;Lewis & Brooks,1974)他找了很多6～24个月大的宝宝,让他们坐在镜子前观察自己。然后,他给他们的小鼻子上涂上口红,这时候他们的鼻子就变成了红色。结果他发现,18个月大的宝宝,有75%会用手去擦自己鼻子上的红点,所有24个月大的宝宝都会赶紧擦掉口红,但是15个月以下的宝宝没有一个会这样做。这就意味着,15个月以下的宝宝根本就没有认出镜子里的是自己,而更大的宝宝则能认出镜中的自己。从这个时候开始,他们不再喜欢看别人的形象,而开始迷恋自己了。20～24个月的宝宝会开始用第一人称来描述自己,比如"我是乖宝宝""我可爱""我好"这样的短句。你这时候夸他:"宝宝你真聪明!"他就知道你是在说他了。

不过,这意味着"可怕的两岁"已经到来了!

为什么说是"可怕的两岁"呢?因为孩子一旦有了自我意识,他们就会开始不断地扩展自己的边界——他们需要探索更多的东西,也需要得到更多的物品,他们开始有了贪心:这个东西是我的,不是你的。他们会去尝试控制他们所看到、所感受到的一切,而且开始学会拒绝大人。"不""不要"成了他们的口头禅,有的孩子甚至会有点叛逆!这个过程从两岁开始,三四岁达到最高峰,而六岁以后会开始慢慢变得平和。

这个时期，我们作为家长应该怎么办呢？

有关人生当中的第一个"逆反期"，存在两种错误的观点。第一种，就是觉得"我家孩子开始任性了"，我要纠正过来。他们只要拒绝或者吵闹，我就开始惩罚。很多家长认为，我如果从小就给他立规矩，那长大不是就好管了吗？这样做通常能让孩子们乖一点儿，但最大的问题就是，他失去了"自我效能感"，对自己的能力产生怀疑，从而变得害羞和胆小。

而另外一种家长会认为，我不应该限制孩子，宝宝想怎么样就怎么样，我都不管他，这样好吗？虽然这样的环境会让孩子感到自由，但也会产生很多麻烦。当你对他没有任何要求的时候，也意味着他没有在规范的引导中学习生活技能，特别是自我控制的能力。什么时候应该做什么，哪些需要自己做，哪些需要在爸爸妈妈的帮助下去做，都是需要有限制和引导的。我们既需要保护孩子在生活中的自主感，也需要对他们进行适当的限制。

"适当的限制"，不是让孩子老老实实地坐着，或者让他们保持安静，这是压抑。我们在这个时候需要对孩子提出要求，主要是让他们去努力学习生活技能，并且反复练习。最重要的一个训练就是"自己上厕所"，我们称为"如厕训练"。如果你在孩子 27 个月大的时候，开始对孩子进行如厕训练，是最佳的时间选择。因为对孩子太早进行训练，他们会学得比较慢，太晚的话又会影响他们适应集体生活。当他们能自己上厕所的时候，就会感觉到自己变得强大了。你就可以继续训练他们早晚刷牙、饭前洗手等生活习惯了。

还有一个很重要的问题，当宝宝进入"可怕的两岁"时，他们会开始帮自己争取东西，开始吵着要这个要那个。如果是有二胎的家庭，他们会和自己的兄弟姐妹争抢玩具——这个年龄的宝宝不懂得谦让，甚至这时可能会是他们争抢最激烈的时候！如果你家里的两个宝宝开始抢玩具，我们应该帮谁呢？怎么做才是最公平、最符合发展规律的呢？

"抢玩具"在家庭教育中是一个世界性的话题，西方发达国家早就进行了大量的研究。排除那些完全不公平的模式（比如爸爸妈妈就喜欢其中一个孩子，而委屈另外一个他们不喜欢的），在公平分配的基础上存在两种模式，第一种叫作"圣佩德罗"模式，另外一种叫作"盐湖城"模式。

"圣佩德罗"模式的父母认为，两岁左右的孩子的自我意识在高速发展，所以家中所有的资源必须向他们倾斜。如果家里有一个两岁的宝宝和一个四岁的宝宝，那么爸爸妈妈绝对会帮助那个两岁的宝宝获得资源，他们会把四岁的宝宝手中的玩具拿给两岁的宝宝玩。只有等到两岁的宝宝对这个玩具不再感兴趣了，他们才会把它们分给四岁的宝宝。所以，他们的原则是，三岁以前的孩子享有家里的特权，而一旦过了三岁，他就应该开始学会谦让和分享。

"盐湖城"模式的父母则认为，两三岁的孩子会故意抢夺资源，并且捣乱。所以，要在家里保持绝对的公平，不管是大孩子还是小孩子，他们玩玩具的机会都应该是均等的。他们会让孩子享有完全平等的玩玩具、获得资源的机会，家里没有谁会有特权。

哪一种模式更好呢？

研究发现，两种模式对于孩子的资源分配都是可行的，它们分别代表了两种家庭文化。长期跟踪研究表明，"圣佩德罗"模式下长大的孩子，自主能力强，而且长大以后更有家庭责任感，更愿意无条件地付出；而"盐湖城"模式下长大的孩子，他们会更强调公平竞争，而且会通过谈判的方式去解决矛盾。所以，这两种方式都是可以借鉴的。

> **总结**
>
> 孩子长到两岁左右的时候，会出现一个自我意识飞速发展的时期。这时候，很多孩子会出现拒绝大人、为自己抢资源甚至叛逆的行为。这是一种正常的表现，既然他们要自主，我们就应该给予他们尝

> 试的空间，并且理解他们的逆反并不是在捣乱。如果你要在这个时期规范孩子的行为，尽量把范围控制在基本生活技能的学习上，其他方面最好尊重他们的天性，让他们自然成长。

最后，我要告诉大家，两岁的叛逆并不是会发生在每个孩子身上。有的爸爸妈妈会发现，即使孩子到了两三岁，仍然会比较听话，情绪也比较稳定，甚至会成为妈妈的好帮手。如果遇到这样的宝宝，我只能说："你真的是一位幸运的妈妈！"

孩子尿床是一种沟通吗

我们经常会担心孩子出现问题行为，这种心态很正常，反而如果你希望孩子从小到大都一帆风顺，那就是在幻想了！问题其实就是孩子会通过冒险、走极端的方式来成长。如果你发现孩子出现了你不能理解的行为问题，唯一能解决的办法就是，去了解这种行为背后的秘密，并且学会搞定它们！

比如尿床。

当然，小宝宝用尿不湿，也没有谁担心他们的尿床问题，我们主要担心的是3岁以上，甚至6岁以上的孩子，为什么还会尿床？

尿床在学术上叫"遗尿"，说的是孩子在晚上反复地尿湿床或者衣服的行为。一般来说，大多数3～5岁的孩子不会尿床了，他们晚上就是睡着也完全可以意识到膀胱满了，然后自己爬起来上厕所。统计发现，在这个年龄，只有7%的男宝宝和3%的女宝宝会尿床。这样看来，如果超过年龄还尿床，一定是有隐藏原因的。那这个原因是什么呢？

可能我们最担心的一个原因就是，孩子是不是生理上有什么疾病啊？如果尿床，我要不要带他做一个全面的身体检查呢？由生理原因所导致的

尿床，在尿床的孩子当中还不到1%，基本上是因为遗传性的膀胱太小，导致没有办法储存太多的尿液所导致。**这个结果就意味着，99%的孩子尿床都是由于心理原因，也就是父母不能正确对待而导致的。**

尿床不是孩子病了，而是他和你交流的一种方式。你可能头一次听说"尿床是一种沟通"这种说法吧。我们来分析一下，如果3岁以后，宝宝学会了自己上厕所，那就意味着其实他完全具备了控制撒尿的能力。但是，学会如厕并不是他们自发的行为，多半是因为孩子想要取悦你。因为如果能够自己上厕所，一定会得到爸爸妈妈的肯定和赞扬。但是，如果学会如厕以后，又继续尿床，这就是一种退行性行为了。这个信号就是："我想回到小时候，我想回到婴儿时期，那个时候我可以随便尿湿在床上，没有人会责备我。"那么，孩子为什么想回到小时候呢？一定是小时候，他可以得到现在得不到的一些东西。比如说，爸爸妈妈非常频繁地拥抱、亲吻和关怀，而现在，孩子感受不到这些东西，所以他们在潜意识当中会希望通过模仿小时候的行为，来寻找过去失去的那些感觉。

一般来说，孩子尿床最容易发生在家里出生了一个新宝宝、搬家、亲人去世，或者是他们觉得有一些事情他们很想控制，但控制不了，又不能直接表达的时候。这时，孩子会用尿床的方式来引起父母的注意和担忧，这就是他们的一种沟通，也可以说是一种抗议。曾经有一位妈妈来找我，说自己10岁的女儿最近一个学期经常尿床，自己怎么也找不到原因。我问她，你家孩子最近有什么生活上的变化吗？她说因为搬家，所以给孩子换了一所小学读书。学校老师反映她好像学习还挺认真，就是有些不爱说话，感觉有点儿自卑。我说，你去认认真真调查一下，看孩子从离开家的那一刻，到放学回家都发生了些什么。后来，结果不出我料，这位妈妈了解到，她的女儿每次上学的时候，都被同一个校车上的几个男生欺负和羞辱，回来又不敢跟父母说，结果尿床以后，自己还感到非常羞愧，导致自尊心急剧下降。后来，父母找到了老师和这几位小男孩的父母，妥善解决了问题，并且对女儿的尿床没有表现出任何一点儿生气。3 周以后，我得到的反馈是，女孩的尿床现象完全消失了。这个女孩尿床的原因就是我们刚才所说的愤怒和无助。

我们还说过，家里出生了一个新宝宝，孩子可能会觉得来自爸爸妈妈的关注和爱变少了，他非常怀念以前那种集万千宠爱于一身的感觉。但是，爸爸妈妈经常会告诉他们，你也要爱弟弟妹妹。所以，孩子也没办法去提出自己的这个想法。这个时候的尿床就是对婴儿时期的模仿。

还有一种尿床，体现的是孩子对家庭状况的焦虑感。曾经有一个家庭，请我到他们家里做一周的教育观察，给他们一个育儿的整体方案。我发现，他们家 5 岁的儿子也是经常尿床。父母每天睡觉之前都会提醒孩子，你要先去上厕所，要不晚上又会尿到床上。我观察了一下，这个小男孩非常乖巧，见人就打招呼，也很有礼貌，而且我发现他的身上有一种超越年龄的成熟，他会因为想要讨好大人，而做一些大人喜欢的事情，比如说，大人们让他表演节目，或者说一些好听的话，他都不会拒绝。经过观察，我发现一些问题，于是就问这对父母："你们是不是在最近这段时间经常闹矛盾，甚至是闹离婚？"结果，这对父母很惊讶，说："老师，你怎么知道的？确实，我们的感情遇到了一些问题。"我说："是孩子告诉我的，准确地说，是他用尿床的方式告诉我的。你们每次吵架、闹离婚的时候，就算背着孩子，他也能感受到家里的气氛。但是，只要他一尿床，爸爸妈妈可能就会因为对孩子的担心，不得不共同来做一些事情，比如说换床单，一起带着孩子看医生。哪怕这样做可能会受到父母的责备也没关系。简单地说，孩子是在用尿床挽留父母的婚姻关系。如果你们不能处理好你们的关系，孩子以后还可能会用生病、叛逆等各种行为来挽留你们。"这个时候，这对父母才恍然大悟。

所以，这些案例都是在告诉你，尿床 99% 不是由孩子的生理问题导致的，而是来自背后的心理原因。而这里面有一大部分的原因，是父母不理解造成的。所以，今后你再面对孩子尿床的时候，应该做到以下几点。

首先，认识到尿床没什么大不了。与其说你担心遗尿本身对孩子有什么不利，还不如说你更怕他们尿床增加你的劳动量，或者是你感觉自己的教育失败了。其实，这种想法完全是你自己在给自己增加压力。

其次，我们需要读懂孩子尿床背后的原因。有可能是因为他需要你更多的关注，也可能是害怕身边的亲人离开，还有可能是遇到了自己解决不了又不好说出口的问题。这时候，就需要我们保持一颗更加敏锐的心，去发现根本原因。

最后，遇到孩子尿床，不能责备他们。"你都这么大了，还尿床，丢不丢人啊？"这种话会严重打击孩子的自信心。也不用因为孩子没有尿床，而表扬他们，这反而会给他们压力，因为如果孩子不尿床会受到表扬，那就意味着尿床确实不是光彩的事情。父母对待尿床的要诀只有四个字："无为而治。"该干什么干什么，把它当作生活中的一个正常现象。

改变挑食习惯其实很简单

我记得在我们的儿童心理社群刚刚建立的时候，有很多父母在群里讨论关于孩子吃饭的问题。比如说每次吃饭孩子都不老实，跑来跑去，非得追着喂，吃饭很不情愿；还有的孩子非常挑食，不喜欢的菜坚决不吃，怎么威逼利诱都不行；还有人问我，孩子的吃饭问题到底是生理问题还是心理问题呢？

在这里，我想说的是，吃饭问题和心理有关。

我们在面对吃饭这个问题时，一般都在心里预设了一个画面：我让孩子吃什么他们就吃什么，而且会按时定量地吃。毕竟我们是按照营养均衡的搭配来准备的啊！但是对于学龄前的孩子来说，这真的不是一件容易实现的事情。他们好像并不觉得吃饭是什么有吸引力的事情，他们宁愿去干点儿别的。如果遇到这种情况，我们这些"喂饭一族"又该怎么办呢？

要解决孩子吃饭不认真和挑食的问题，做到以下三点，就能够妥妥地搞定了。

1. 改变孩子对吃饭的看法。

对于一个学龄前的孩子来说，他们之所以不认真吃饭，最大的原因就是他们还不饿。现在每个家庭里，特别是爷爷奶奶，最喜欢劝孩子多吃："宝贝，多吃点儿，这样才会长得高。"然而，因为饭点是大人安排的，这就有可能在开饭的时候孩子其实并不饿。所以，如果你是在用自己的生理节律来衡量孩子的胃，那么就肯定会产生偏差，而且3～6岁的孩子有一个特点，就是他们对玩的兴趣远远超过了吃饭。这也就意味着，只要他们不饿，或者说不是很饿，你就不要指望他们有耐心完整地吃完一顿饭，更加不用指望他们会和全家人一起老老实实地坐着吃，因为在这个时候，他们的专注力也是不够的。一般来说，我们吃一顿饭需要20分钟，但是3岁的儿童注意力只能集中3～5分钟；4岁可以上升到10分钟；5～6岁的时候，可以专注10～15分钟；只有7岁以上的儿童的注意力集中时间才能达到20分钟，这刚好可以完整地吃完一顿饭。

在学龄前不要强迫孩子按照你的方式吃饭，更不能因为吃饭这件事情和孩子开战。我有很多次在餐厅里看到，有妈妈因为孩子吃饭的问题发火，而且他们的对话都惊人的相似：

"快点儿吃啊！你怎么吃得这么慢啊？"

"妈妈，我吃不下了！"

"再吃点儿，刚才说饿，现在又不吃。再吃点儿！"

于是孩子又开始磨磨蹭蹭地吃，这种吃饭的态度也特别容易导致妈妈发火。妈妈越看越气，最后忍不住打了孩子两下。结果，孩子嘴里还含着食物，就开始哭了起来。这个场景你们是不是也很熟悉啊，一旦你们在吃

饭的时候，和孩子发生冲突或者打了他，这更加会让他对吃饭产生负面印象，导致以后一想到吃饭，就觉得是个很难的任务。所以，我每次看到这种场景都会上前去告诉那位妈妈，吃饭的时候是不可以打孩子的！

就吃饭来说，我们既不能要求"你多吃点儿吧"，也不要贿赂"吃完饭妈妈就给你买玩具"，更不能威胁孩子。其实你只需要在开饭的时候，提醒孩子吃饭了，并且准备他们喜欢吃的食物就可以了。

可能有人会说，老师你说得简单，当你家孩子不好好吃饭，或者挑食的时候，你真的有那么淡定吗？其实，调整好心态只是第一步，但是对于那些不好好吃饭和挑食的小朋友，还要采取第二步——用餐趣味化。

2. 用餐趣味化。

你可以把食物做得既有趣又好看。比如说，你的孩子不喜欢吃番茄，那你其实可以买一些装番茄酱的笔，让他们用番茄酱在鸡蛋饼上画画，然后再亲自把自己的作品吃掉。在我们群里有一位特别厉害的妈妈，每次都把给孩子的午餐做成泰迪熊或者小兔子的头像，所以他们家宝宝从来就没有吃饭问题。

其实，这方面我爸爸就是个反例。小时候，他做饭经常只追求营养，不在乎色香味。我记得小时候，他为了不破坏食物本来的味道，把胡萝卜整根用水煮，不放任何调料让我吃。他有一次还把一只大牛蛙，洗干净直接用清水煮熟让我吃，我吃的时候感觉自己像吃一只活的青蛙，结果我只能跑出去偷偷地吐掉。每次想起这个场景，我都感觉有心理阴影。所以，你在孩子小时候给他留下的用餐记忆，他可能很多年都不会忘记。

除了把食物做得很精美可爱之外，你还可以让孩子参与到整个食物采购制作的过程中。你到超市里买东西时，告诉他今天要做什么菜，问他能不能帮你找到？"哇，你找到啦，快点儿放到购物车里。"

做饭的过程也要让他参与进来。比如说，为他准备一个塑料小刀，分一小部分菜让他切。

总之，就是让食物的采购、制作和享用的过程都变得有趣，那么孩子基本上就不会抗拒吃饭了！

3. 榜样的力量。

当然，对于挑食的孩子来说，还有个更加重要的绝招，就是榜样的力量！我不知道各位家长还记不记得我们小时候有一部动画片《大力水手》，我觉得这部片子应该影响了我们当时一整代的孩子，菠菜的味道本来就有点儿怪怪的，很多小朋友都不爱吃。但是，自从看了《大力水手》以后，好多孩子变得爱吃菠菜了。因为动画片里每一集都有一个情节，就是只要大力水手一吃菠菜就变得力大无穷，可以打败一切坏人。这一下子就引起了孩子们的向往，他们因此也就不那么在乎味道了。榜样的力量真的很管用，你有没有发现，和那些胃口好的人在一起吃饭，你都能多吃很多。我读初一的时候，饭量不怎么好，也不喜欢吃鸡肉。结果有一次，我和一个同学在火车上买了两只烧鸡，一人一只，他胃口很好，吃得津津有味。结果，我也在神秘力量的带动下胃口大开，竟然吃了一整只烧鸡，这几乎是我平时饭量的3倍。所以，孩子挑食时，给他找一些电视剧、动画片或者身边孩子的榜样，他们会重新喜欢上那些以前有些排斥的食物。我想在《来自星星的你》播出之前，也没那么多人喜欢吃炸鸡配啤酒吧！

总结

如果你家孩子有挑食或者吃饭不认真的习惯，别急着乞求他或者惩罚他，让孩子的饥饿点与饭点吻合，尽量让用餐的形式和过程更加有趣，给那些偏食的孩子提供一些卡通或者真人的榜样。我想通过这些方法，孩子吃饭就会变得不再困难了，而且要记得，学了方法一定要去实践！不然，你家孩子怎么会改变呢？

孩子输不起怎么办

在我们陪孩子一起玩或者看着孩子玩的时候,经常会遇到这样一种情况。只要他参与那种有规则的游戏或者竞赛的时候,如果输了,就开始耍赖,或者大哭大闹,说:"这个不算,一定要赢了才算数。"在我们合作的幼儿园当中,幼教老师们也经常向我反映有很多"输不起"的孩子,天天都会情绪失控。

虽然这看起来只是有点儿"孩子气",但如果孩子养成这种习惯,可能会发展成为:在生活当中只要有小小的不如意,就开始情绪崩溃。今后再遇到有点儿难度的事情,做不好就会干脆放弃,或者根本连尝试的愿望都没有了。如果我们遇到这种情况,该怎么办呢?

首先,我们来想想看,孩子为什么会"输不起"呢?输赢这个概念是他们天生就有的,还是后天习得的呢?这个问题不用思考就能够得出答案:当然是后天学会的,而且90%是父母教给他的。

其实儿童最开始内心当中根本不知道什么叫"输赢"。就像我家的宝宝还小,她就肯定不知道什么叫赢了,她只会单纯地玩,享受探索每一个新鲜事物的快乐。

但是随着我们在生活中,一次又一次地告诉她,你赢了、你成功了,你输了、你失败了,这时候,她就学会了,噢,原来这就是赢,这就是输啊!

有很多父母跟我说:"老师,我们平常也没怎么跟孩子说,你一定要赢,你一定要拿第一名,为什么他还是忍受不了失败呢?"你们觉得自己没有强调输赢,但是你们和孩子互动过程中的那些表情和话语出卖了你们。你们会不会对两种结果区别对待呢?当孩子成功以后,你们会对他开心地笑、赞扬、拥抱他们;而当他输了的时候,即使没有批评,也不会表扬,脸上的表情也没那么热情。所以,虽然你没有直接说"你要赢!",但孩子接收到的非语言信号明明就是:"赢了很好,输了不好!"所以,如果要让孩子不过于在乎结果,首先家长、老师就要做到不过于肯定结果,只需要表扬他们做事情的态度就好。只有你表现得不那么看重结果,他才会不看重结果。

但是,问题又来了:我家孩子现在就是一个输不起的小家伙,我该怎么办呢?

遇到上面的情况,我该对他实行挫折教育吗?我觉得大家对现在流行的"挫折教育"有一些误读,总认为,我们应该人为地给孩子制造很多挫折,当他们受到的打击多了,自然就会变得坚强了。我要告诉你,这是一种非常错误的观点。

在孩子的成长过程当中,本身要经历的困难和挫折就够多了,再去额外地制造挫折其实是没有必要的,而且,如果他们受到了那种小时候不能承受的挫折,是会形成童年阴影的。发生这种事情,哪个家长也不愿意看到,**而真正对抗挫折,不是经历得多与少的问题,关键在于怎样去解释"挫折"**。

所以,在真正遇到孩子"输不起"的情况时,我们应该使出如下"三连招":

1. 接纳失败的情绪,不逃避(陪伴)。
2. 认真地解释过程和结果。
3. 谈一谈下一步该怎么做(预判)。

当孩子因为"输了"而发脾气、哭泣的时候,我们首先要做的并不是让他们不哭、不生气。家长们的两种典型错误行为就是"讲道理"和"找理由"。"哎呀,小胖,输了一盘棋有什么好哭的!能赢得起,也要输得起啊!怎么就这么不坚强呢?不要哭了!"

一般来说,讲道理对他们的情绪都没有什么作用,而且这样说是在否定孩子的情绪,你给出的信号是:即使我伤心也不应该哭,而要忍着、压抑着。这就是为什么我们成人有那么多的人,内心在堆积压力以后,还不愿意倾诉和发泄，直到有一天完全爆发。这都是儿时种下的种子。

第二种错误就是为孩子的"输"找理由："宝贝，是你今天没有认真，下次你一定会赢的！"或者干脆说："好啦，你没输、你没输，是妈妈输了！"如果你经常这样说的话，孩子会继续输不起。因为你帮助他回避、否认"失败"这件事情，你所做的只是希望他不要发脾气、不要哭了！这样做造成的结果就是，孩子可能会轻易放弃一件有难度的事情。

所以，第一步应该是先完全地接纳孩子的"伤心"或者是"发脾气"，当他们难过的时候，不急着去跟他讲道理，而是陪在他身边，温柔地看着他，等着他的情绪自然地平复（注意，一定是靠他自己平复，而不是你编造一个美丽的理由）。当他自己面对一次失败以后，他会觉得原来输了"哭一顿"，也就是这么回事，没那么可怕（必须面对）。还有一点要注意的是，这个过程需要你陪着他度过，而不是把他扔在一边让他自己反省。

这个过程结束以后，我们就要亮出第二招——解释过程和结果。在孩子已经平静下来以后，我们就可以带着他们来分析刚刚经历的游戏过程和结果了。你可以问："宝贝，你刚开始为什么会喜欢玩飞行棋呢？你觉得这个游戏哪里最好玩呢？"这种问题就是在引导孩子进入过程导向的思考，让他们意识到我来玩这个游戏的初心。然后你可以问："那你觉得这个游戏怎么玩才能更开心呢？"注意，不是说结果怎样才开心，是怎样玩才开心，这一切都是在关注游戏本身的乐趣，而不是结果产生的快乐。这一步完成以后，我们就要进入到最后一步的讨论了。

"我们下次再玩这个游戏时，你会怎么办呢？"这其实就是提前预设下一次的场景，让孩子想到未来用什么样的方式获得更多的快乐。等到了下一次，你们再玩这个游戏的时候，你可以提前再问一句："宝贝，你有可能赢，也有可能输，你准备好了吗？"如果你每次都可以用上这三招连续动作的话，我相信用不了多久，你家孩子将会对游戏、比赛的结果更加容易接受，也不会再那么"玻璃心"了。

当然，我们在陪孩子玩那种竞争性的游戏时，也要注意"机智陪玩"。什么叫"机智陪玩"？就是掌握好平衡，既不能毫不留情，让孩子没有赢的机会，也不能总是让着他（象棋让子）。这样他在外面去跟别的孩子竞争的时候，这种挫败感会更加明显，而且还会觉得爸爸妈妈一直在骗他。父母给他们赢的机会，也让他们体会失败，并且在这个过程中，保持微笑，不做过多的区别对待。因为孩子能够参与游戏，本身就是一种很好的成长。

我身边有很多企业家、创业者朋友，我发现他们身上都有那种勇于面对失败、越挫越勇的精神。

而在儿童教育方面，"输不起"现象看似是一个很小的问题，但是如果你能培养一个能够正确面对失败的孩子，那他将会在未来激烈的社会竞争当中，无论遇到多少困难和打击，都会继续尝试，坚持到底。因为能够接受失败的孩子，才配得上拥有成功！

50%的孩子都有幼儿园恐惧症

每当我和 3~6 岁孩子的父母聊天的时候，总是避免不了一个话题：我家孩子不想上幼儿园，怎么办？

孩子们在这方面的具体表现为：一旦要上幼儿园，就以身体不舒服为借口故意拖延："妈妈，我肚子疼！"或者摆出一副忧郁、极不情愿的样子；到了幼儿园，一看到爸妈要走就开始大哭；在幼儿园不喜欢跟同学们说话，总是一个人玩，或者说"我不喜欢这个老师"什么的。每次都要父母做很久的工作，搞得这些家长有时候觉得："干脆在家里让爷爷奶奶带算了！"

真的可以这样吗？

从大的原则上讲，幼儿园还是要上的！

我们之前说过，幼儿园是早期教育体系中最重要的一环，如果缺失了这一环节，儿童的心理发展就会有所损失。因为在幼儿园里有几个重要的任务：孩子们要学会在人群中玩耍，学会社交和分享，并且学会和父母以外的大人相处。这是每个人必经的一个成长环节，也是社会化的开始。但问题来了，你家宝宝就是害怕，就不喜欢上幼儿园，我们该怎么办呢？

那么我们就先来分析一下，为什么有很大一部分孩子在家一切都很正常，却不喜欢上幼儿园呢？

英国儿童心理学家安吉拉·克利福德－波士顿说过："上幼儿园对孩子的生活来说看起来是如此普通和平常，以至于成年人很容易忘记这段经历会对孩子们造成多么强烈的影响。"因为从家庭走向一个陌生的群体，这种转变不亚于我们成年人去经历一次丛林大冒险，这种生活简直就是一次巨变！也就是说，孩子要喜欢上幼儿园就必须冒险成功。我总结了一下，每一个孩子从家庭到幼儿园，必须过五关。你们可以对照一下自己的孩子，如果他不想上幼儿园，到底是卡在哪个关口上了。

第一关，规则与习惯冲突。你们想一想，从家到幼儿园对孩子来说就是从一个世界迈入另一个世界，不同的地盘自然就有不同的规矩。就像是斧头帮的兄弟，今天突然要加入青龙帮，这个新帮派的规矩自然是要好好学习的！幼儿园也是有新规矩的！比如说，在家里，孩子端着碗在电视机前吃午餐是被允许的，但在幼儿园不行；在家里，孩子也许可以把薯片从袋子里倒进碗里吃，但在幼儿园的操场上根本不准吃零食。这个时候，孩子就可能产生第一个不适应：这个新码头的规矩摸不透啊！所以，孩子在第二天被送往幼儿园的时候，就开始耍赖不去了！

第二关，文化差异。幼儿园里的小朋友都说普通话，结果你家孩子小时候是爷爷奶奶带大的，操一口浓郁的方言，大家都听不懂他说的话。其他孩子再有爱心，想和他玩，语言不通也是爱莫能助啊！

第三关，更少被人关注。你可能会说，幼儿园不是有老师吗？对，但是一个班顶多两三个吧，可小朋友是十几个，甚至几十个。这就意味着教室里的同学都是竞争对手，他们要争夺仅有的成年人的关注。你觉得所有的老师都能够理解你的孩子，像你那样读懂他们发出的一些小信号，并且认真对待他的欢乐和苦恼吗？绝大多数做不到！可以说，像父母一样与孩子产生依恋关系，并不是老师的工作，他们的作用主要是提供一个温暖的、让孩子信赖的环境，然后让他们自己去探索。但这也意味着那些在家里被过度满足需求的孩子，会更难适应这种一对多的模式。

第四关，孩子担心父母不快乐。 对的，你没有听错。我曾经接受过一个家庭的咨询，其中就有他们4岁的女儿珍珍非常不愿意上幼儿园的问题，她的表现不是那种大哭大闹的类型，而是表情很忧郁，总带着淡淡的忧伤。但是一回到家，一切就都变得正常了。其实幼儿园的同学们对珍珍都非常友好，孩子很适应集体生活，很多时候表现得也很出色。老师很细致地观察到了孩子大部分时间的情绪低落，所以及时反馈给了父母。我与孩子玩了一会儿沙盘游戏，在沙盘的模拟当中，了解到孩子确实会在上幼儿园期间担心爸妈会在家里吵架，希望能够看到他们。

于是，我就跟这对夫妻说："你们两人是不是都觉得现在的婚姻不幸福，却不愿意面对？"他们有点儿惭愧地说，两人有时候会背着孩子吵架，闹离婚。结果有一次，孩子无意之间听见了这样一句话："要不是因为孩子，我早跟你离婚了！"就是因为这句话，让珍珍开始担心，如果自己不在家，爸爸妈妈就会分手。所以，这一关属于对父母亲密关系的担忧。

第五关和第四关正好相反，当爸妈对自己的关注有可能被分散的时候，孩子会开始担心自己。 比如说一个上幼儿园的孩子，家里出生了一个更小的宝宝，而爸爸妈妈的做法不恰当的话，这时候孩子就有可能在幼儿园显得焦虑不安，或者变得胆小退缩。这一点，我们之前已经分析过很多次了，孩子天生害怕最亲近的人把爱分给别人！这也是所有二孩家庭要共同面临的问题。

面对孩子不愿意上幼儿园的这五种原因,我们该怎么办呢?

虽然说小朋友们逃避上幼儿园的原因五花八门,但细细分析就只有两种,**一种是对新环境的不适应,另一种是对失去爱的担忧。**只要你搞清楚这两个内在需求,你就可以对以上的五个关口见招拆招了!

环境不适应怎么办?其实成长就是不断适应新环境,扩展自己边界的过程!遇到需要适应的障碍,要么改变环境,要么调整自己的认知结构去适应新的环境。比如说家里的规则和幼儿园的规则相冲突的时候,父母为孩子换一家对行为要求更宽松的幼儿园显然不是不可能的,传统幼儿园、蒙氏机构或者是日本巴学园等,它们各自的教育理念不一样,因此,主动选择以其中一种教育理念进行教学的机构最好。针对孩子的方言问题,选择以儿童为中心的幼教机构可能会对孩子更好,这些机构能够引导孩子去接纳与自己不同的小伙伴,而且会由更多的成人负责更少的孩子。

但并不是每一个家庭都可以让环境为自己所改变,所以我们就需要使用另外一种方式——顺应。不是幼儿园里的规矩更加严格吗?那我们就从家里开始,更接近幼儿园的行为规范,从家里就开始适应。不是宝宝爱说方言吗?那就从家里开始,练习普通话,争取与伙伴们同步。若老师不能细致地解读孩子的言行,父母就主动去跟老师说,我家孩子具体有哪些小习惯,请老师平常多留意。我想顺应的方式应该更加适合大多数的普通家庭。

如果孩子不想上幼儿园是害怕失去爱,那最重要的方式就是恢复孩子的安全感。夫妻感情不和,与其以孩子为借口逃避,倒不如坦诚地面对面协商夫妻间的事情。能够挽回爱、拯救婚姻最好,做不到也没有关系,那些婚姻完整但是高冲突的家庭对孩子的负面影响比离婚家庭更大,而爱孩子这件事,即使夫妻在形式上分开,也是完全可以做到的。

但如果上幼儿园的大宝,只是出于对二宝的嫉妒或者是担心父母不爱自己,就不想上幼儿园,这意味着我们没有做足够的安抚工作。记住,光说"爸爸妈妈很爱你"是不够的！这种话说多了就有些空洞，无法激起正面联想。你要在不经意间跟孩子说，自己有多么想他。比如说，我今天上班的时候一直在想你，我想，要是早点儿回家给你带一块奶油蛋糕，该多好啊！平常时不时地给孩子带一些小礼物，不一定要多贵重，但这能表明你很在乎他。在对人的心理影响上，暗示的力量永远比直接的表达效果要好得多。

总之，一个孩子做不做一件事情，背后一定有其缘由。有时候缘由非常简单，特别是小婴儿，哭了就是因为饿、不舒服或者想睡觉，但随着孩子年龄的增长，他们行为背后的原因也会越来越复杂，不可能用一招就搞定，这就需要我们的精益父母更仔细地观察和分析，找到核心原因，然后对症下药。如果你的孩子正在抗拒上幼儿园，从明天开始试试新方法吧！

为什么孩子打人要这样搞定

经常有家长会向我咨询：自己3岁左右的孩子会有打人、朝着人乱扔东西的现象，有几次都打到了小朋友，而且反复劝说没有任何的改变。这让父母都感到非常苦恼——讲道理吧，口水都讲干了，孩子依然我行我素。打他一顿吧，看着孩子哭得挺可怜，又怕给他造成什么伤害，关键是效果保持不到3天，就又恢复原状了！这让父母感觉很无奈！

可能有的人会说，3岁左右不是小孩吗？长大一些，懂事了就不会这样啦！持有这种观点的家长，我觉得是危险的。因为年龄小并不是做出不当行为的理由。如果是这样，每个年龄的不当和违规行为都可以被原谅，即便是违反法律，还可以说因为孩子太年轻了。所以，当你遇到低龄孩子的攻击性行为时（6岁以下），必须非常重视，并且用科学的方法帮助孩子来改变。所以，我想好好在这里讨论一下，把这个问题为大家讲透！

我们首先要排除注意缺陷多动障碍、阿斯伯格综合征等，可能会增加

孩子攻击性的发育障碍，因为这样的孩子必须接受专业的心理治疗和有针对性的训练，才能达到明显的行为改善效果。但如果是一个正常的孩子，我们应该怎么做呢？我可以明确地告诉大家：单纯讲道理和体罚孩子都不会有什么作用！

每一个孩子从两岁开始，他们的自我意识开始萌发，很多事情都有了自己的想法，所以才会有"可怕的两岁"这样的说法，到了3岁更是渴望自己说了算。自己掌控自己的身体，自己来做决定。他们会尝试使用身体来干一切他们觉得新鲜、有趣的事情。所以，扔东西、打人也算是孩子的一种社会实验——"我倒要看看，我扔出去会有什么效果、爸妈会有什么反应""我要尝试一下，把别的小朋友推倒、打他一巴掌，看他们会怎么样"于是，也就出现了孩子之间难以避免的冲突。那有的家长说："我为什么好好地给他讲道理没用呢？"对，确实没用。因为3岁左右的孩子，思维还是以自我为中心的，也就是他们一般只会考虑到自己好不好，很难主动地去理解和体会别人的感受。他们很难听懂那种成人嘴里的"道理"。不管你说多少，他们自己是没有亲身感受的！

有的家长可能会说："既然要让孩子感受到打人很疼，那我就要让他也疼一次，打一巴掌或者打他屁股不就让他知道疼了吗？"持有这种逻辑的父母，可以算得上是没有教育思想的单细胞动物，你以为孩子会领悟别人的感受吗？不会！他们只会觉得你打他是很疼的，孩子顶多在下次打人、推人的时候学会隐藏自己、逃避责任，而不会真正理解自己给别人造成的伤害。你使用暴力，反而会让孩子学会你的暴力！其实，起到的是一个坏的榜样作用，这也就是一些经常挨打的孩子屡教不改的原因！打也不行，讲道理也不行，那到底应该怎么做呢？

对于这个问题，我们托德学院的李映红老师的感受是最深的。李老师是两个男孩的妈妈，她的小儿子在两岁半的时候就出现了非常明显的打人、扔东西的行为，而且也经常是朝着人来扔。李老师观察发现，她家孩子的这种行为开始都是源于对别人的模仿，比如模仿哥哥或者模仿动画片里的一些情节。他在模仿的过程中感受到了这种形式的威力："好像我一扔东西全家都会关注，他们都会很紧张！"我们对这种行为的反应无形中强化了孩子扔东西这个行为，让他感觉这样做威力无比！所以，他们会一次又一次地尝试，反复感受自己的这种力量。包括他们推其他的小朋友，或者打人最开始的感受都是：我很强大，而并不是他们好像很难过、很痛。那我们遇到这种情况，行之有效的办法是什么呢？

在这里，我想告诉大家改变孩子攻击行为的三个阶段：预防阶段、干预阶段和事后阶段。

预防阶段：杜绝模仿源

预防阶段，主要说的是减少孩子对攻击行为的模仿。很多家长为了省事，觉得孩子看电视、动画片的时候非常安静。于是，就长期让低龄的孩子通过看电视的方式来打发时间。但又没有严格甄别电视的内容，孩子在很多争斗性的卡通片当中，学会了各类的攻击行为。回到现实当中，肯定迫不及待地想要实践这些技能！所以，打人、推人、扔东西也就不奇怪了。

另外，家庭成员也不要有发泄式扔东西的行为，至少要杜绝在孩子面前做这样的动作。比如，老人带孩子、打扫卫生的时候，不要用力地把桌子上的脏东西往地上或者垃圾桶里扔，而是轻拿轻放。这样也会大大地减少孩子对打人、乱扔东西的模仿。

干预阶段：三步骤

如果孩子打人等攻击行为已经出现了，那我们就应该采取行之有效的干预手段了，我把方法总结为三个步骤：

1. 郑重其事地制止。

2. 让孩子理解攻击的后果与被攻击人的情绪。

3. 重新模拟这个过程,并且讨论下一次应该怎样做。

还是举李映红老师家里的例子!我们看心理学家是怎么做的。

当孩子出现攻击性行为的时候,首先用语言提醒他,这样不可以;然后,李老师会看着孩子的眼睛,认真地告诉他"为什么不可以"。要确保孩子感觉到这件事情很严重,在认真地听你说话。对于年龄稍大的孩子,我们可以问他:"你觉得为什么不可以打人?"并且与他讨论事情的后果:"下一次应该怎么做呢?"这是第一步,在语言上制止和引起孩子的反思。那这样做是不是就够了呢?

还不够,你们也许可以感受到:语言的力量对孩子通常是印象不深的。

所以,紧接着李老师还会演练一遍刚才打人的过程。比如说:让孩子给妈妈重复一次打人的动作,然后家长用同样的方式在孩子身上演示一遍。让孩子感受到这样其实是不舒适的。当然,一定要注意演示的时候动作力度要轻一些,并不是要求家长用很大的力来打孩子,而主要是以严肃的表情和认真的态度来震慑孩子。

另外,当孩子再出现对大人扔东西的行为,大人要学会"演戏",装作捂着脸,趴在沙发上,一副很伤心或者生闷气的表情,嘴上说:"哎哟,哎哟,好疼!"偷偷观察孩子的反应,一直要演到孩子流露出担心或者害怕的表情,主动过来触碰大人,或者主动想和大人交流,再适时地告诉他:之前的行为对大人会造成伤害,促进孩子换位思考。要注意,演戏一定要演得真实,不可以刚刚才捂着脸,下一秒就放开来对着孩子笑,这样只会让孩子觉得好玩。

如果孩子打人,或者对着人扔东西。我们最好是在他刚开始有这个企图的时候,就通过语言、行动提前制止,跟孩子说:"这样不可以。"但如果孩子执意要这样做,就要使用行为治疗里一个非常行之有效的方法——

隔离法了,也就是把孩子带到一个房间,让他站着保持安静。原则是1岁1分钟,如果孩子3岁,那就需要隔离3分钟。这个过程绝不是把孩子关小黑屋,而是家长就在旁边陪着他,从他安静的那一刻开始计算时间,到时间就让孩子自由。但如果中途孩子吵闹、挣扎或者逃跑,都需要重新再次计时间。关于隔离法更加详细的内容,可以参考本书的"如何搞定乱发脾气的孩子"。

另外,要注意的一点就是,当我们发现孩子有攻击行为的时候,最好是不要做出那种惊慌失措,或者说非常生气的表情,而是应该非常冷静地制止他,并且告诉他:"这样不可以,玩具是用来玩而不是用来扔的;妹妹是用来保护而不是用来打的……"

其实,大部分4岁以下打人、有攻击性的孩子还不太知道,这是在攻击别人。他只是觉得:这样很有力量,所以我们的核心就是要让他理解这种行为是对别人有伤害的,让他慢慢明白了之后,他可能就不会那么随意地去攻击别人了。李老师就是用这样的方法让小儿子的行为产生明显改变的。

事后阶段

除了以上这些快速有效的干预方法之外,我们还可以在平时用潜移默化的方式,来给孩子渗透生活中的各种行为规则——那就是给他们睡前读绘本、讲故事!很多绘本内容就是针对儿童的攻击行为来编写的。比如《手不是用来打人的》《小脚不是用来踢人的》儿童好品质系列绘本,也包括了教小朋友如何处理负面情绪的内容,比如:《菲菲生气了》《生气汤》都是帮助儿童管理情绪的优秀绘本。

我相信,你在阅读了我们这一节的内容后,对6岁前孩子打人、推人、扔东西这样的攻击行为,将不会和从前一样束手无策,而是能够冷静淡定地处理好这一切,做一个头脑智慧、观念时尚的精益父母!

如何搞定孩子的拖延

我经常会遇到家长来咨询这样的问题,说他们家的孩子拖拉得不得了:吃米饭,一粒一粒地数;穿衣服,磨磨唧唧;特别是写作业,比别的孩子都要慢。

你小声催他吧,他不在乎,有时心里的火呼的一下就冒上来了,忍不住对孩子大吼。刚开始,效果立竿见影,孩子会马上顺从。可他慢慢学会了看你脸色行事,你不发脾气他就拖拉,你一变脸他就会快一点儿。有时家长吼完以后看到孩子一副不安、害怕的样子,又觉得于心不忍,有些后悔。怎么办呢?

先别焦虑,任何行为背后都有它们存在的原因,孩子也不例外。其实孩子拖拉的原因并不复杂,具体需要从孩子和家长两方面的特征来分析。

首先,我们从孩子的特征说起。

让孩子拖拉的第一种可能性就是,你家孩子的生活技能不足,你又没有对他进行针对性的训练,结果你过早地要求他"既快又好",他根本就做不到,这叫作欲速则不达!不是孩子不想快,而是快不起来。

比如说,孩子拿不好筷子,你就让他快点儿吃饭;孩子系鞋带不熟练,你就嫌他穿鞋太慢。这就是一种不合理的要求。

孩子早期大脑发育与肢体动作发育存在不同步的现象,他们做事情的"规范性""顺序性"和"协调性"并不是同一时间发展完成的,可能他们做快了就容易错,按照顺序要求做又会太慢。如果你没有对孩子的"生活技能"进行专项的刻意练习,让他们经历由无知到熟悉的过程的话,就很容易让他们产生无所适从的感觉:我真的做不到,你还要骂我,那就随便吧!

除了生活技能不足以外,让孩子拖拉的第二种可能性是孩子对时间的概念，时间概念也是一种能力。孩子的时间概念并不是天生就有的，在孩子还没有时间概念的时候，他们不知道父母说的1分钟、3分钟到底是多长，穿衣服、吃饭、写作业是快还是慢。于是，孩子在家长要求快一点儿的时候经常表现得无所适从，不知道什么样的动作才叫快。孩子小，不懂得时间的宝贵，总以为时间有的是，他们也不知道把一件事情尽快做完之后会有什么更好的结果，所以才会延续以前的行为习惯。

第三种造成拖拉的可能性，是孩子本身就有的不同的气质类型。困难型和慢热型的孩子气质类型是不活跃的，所以天生就比较慢，因此，在面对这些孩子的时候，期待本身就应该降低一些。

下面，我们再来说说家长的原因。我们经常会说"孩子身上的问题"其实就是家长身上问题的精准反馈，孩子的"拖延"很大程度上是为了适应家庭环境的需要。我总结了一下，拖拉孩子的父母一般会有这样几种类型：

包办替代型家长。为什么包办？因为急啊！有些家长看到孩子在吃饭、穿衣、整理书包等方面显得笨手笨脚的时候，就忍不住给孩子喂饭、帮孩子穿衣、整理书包。事实上，这种包办的抚养方式剥夺了孩子锻炼的机会，培养了孩子的依赖性，毕竟被人伺候是件很舒服的事情，最终使孩子丧失了自立自强的动力。等孩子成年以后，家长认为他要自立自强的时候，他已经没有办法自立自强了，只能一而再，再而三地拖延下去。

拖拉型家长。有些家长自身就是个资深的拖延症患者，立了很多过高的人生目标，却把时间消耗在发帖子、看新闻上，人生目标也只好一拖再拖。孩子在不知不觉中模仿了家长的这种言行方式，而家长却没有意识到这点，只是一味地要求孩子快一点儿、再快一点儿。孩子心想："就知道叫我快一点儿，你自己呢？"

雷厉风行型家长。孩子做事的速度没有达到家长的期望值，家长就会忍不住去催促孩子，快点儿，快点儿，别磨磨蹭蹭的，结果孩子反而越来越慢，他们开始产生一种逆反心理，故意对着干：催什么催！我就这样，你能把我怎么样？

所以，能力不足的孩子加上这三种类型的家长，"拖延"就变成了一种合理的行为！那既然我们明确了拖拉的原因，应该怎么做呢？

我们可以通过以下三种方法来解决孩子拖拉的问题。

1. 刻意训练孩子的自理能力。

刻意训练孩子的自理能力是预防及纠正"拖延行为"的基础。幼儿时期是孩子精细动作发展的关键时期，也是培养孩子自理能力的启蒙时期。所以，自理能力是需要刻意练习的。什么叫刻意？就是说，有目标、有方法、有评估、有反馈。

比如家长可以和孩子比赛穿鞋，你首先要问问自己，我需要训练孩子什么能力？比如说，你需要孩子熟练掌握穿鞋的方法，并且在比赛中找到自信心，你就先手把手地通过分解、示范，以及让孩子实践等方法教会孩子穿鞋。比赛刚开始的时候，你可以故意放慢一点儿，让孩子觉得自己有赢的希望而努力加快速度穿鞋，甚至有时候故意输给孩子，提高孩子加快做的动机及成就感。父母还可以把孩子的日常生活行为做成一个表格，用心地记录他每次穿鞋所花费的时间，看他是不是在逐渐进步，观察他的精细动作是不是越来越精准。等孩子大一点儿的时候可以告诉他一些"统筹方法"，先做什么，然后做什么，能让事情做得更有效率，并且又快又好。孩子在自理方面养成的习惯，会慢慢地迁移到以后的学习、生活与工作领域。

2. 无论孩子多慢，做家长的只能示范，不能包办。

让孩子独立完成训练，父母只作为援助者或者教练。在这里，我想分享一下我们托德学院尹浩浩老师对自己儿子的训练过程。训练什么呢？大家一定很好奇——训练刷牙。尹老师家的儿子小时候刷牙至少要10分钟，而更悲哀的是用了 10 分钟还没刷干净，有时候刷着刷着就去玩水了，有时候刷一下停三下，尹老师跟孩子说了很多刷牙的方法和步骤，感觉是竹篮打水一场空。孩子的奶奶就在旁边说了，你帮他刷呀，问题不就解决了。孩子听到奶奶这么说，就在旁边附和："妈妈，你就帮我刷下嘛。"于是他干脆把牙刷放在了杯子上。

尹老师站到洗漱台前，跟儿子说："妈妈很开心当雷锋，那么从今天开始我帮你刷牙、吃饭、喝水、睡觉、上厕所，你看好不好？"

儿子马上说："妈妈，你好坏！"

她问儿子："你喜欢妈妈做个坏人吗？"孩子摇摇头，于是她把牙刷递到孩子的手中，然后拿起自己的牙刷，一边对孩子说："从今天起，妈妈和你一起刷牙，"一边看下手表。在刷牙的过程中我没有和孩子交流，孩子拿牙刷的姿势不正确，她就帮孩子纠正姿势，孩子想拿牙刷去刷镜子，她就把他的手拿回来，温和且认真。

当她们刷完牙后，尹老师就告诉儿子："今天你刷牙用了 8 分钟，比以前快了 2 分钟，能告诉妈妈，你是怎么做到快 2 分钟的吗？"儿子很认真地向她比划，说就这样一直刷刷刷。"明天用 7 分钟时间把牙刷完，你说我们做得到吗？"儿子用力点点头。

就这样，尹老师通过重复这个过程坚持和儿子一起刷牙，指导时间慢慢递减到 3 分钟时，尹老师就买了个紫色的沙漏放在洗漱台前，又坚持了一段时间后，她把沙漏拿走了。孩子刷牙的行为就这样慢慢纠正了。

3. 培养孩子的时间意识。

培养孩子的时间意识，要在具体的事情中体现与丈量。我们告诉孩子 1 分钟就是 60 秒，孩子就会纳闷了，60 秒是多长呀？我们可以通过具体的事情让孩子体验，根据孩子不同的年龄来设置单位时间里要完成的事情。比如，1 秒钟走 1 步路，1 分钟找出 4 个指定形状的积木，3 分钟做多少道口算题，5分钟洗多少个碗，10分钟完成一幅拼图等。

当孩子有了具体的时间概念之后，他们将会更清楚地识别他人对自己提出的期限要求，从而做到更准时。

> **总结**
>
> 现代社会对人的技能要求日益增高，且分工越来越细化，刻意训练孩子的自理能力，注重培养孩子的时间意识及时间管理能力，将决定孩子未来的行为方式及行为能力。拖拉的习惯，会使孩子逐渐产生自卑、退缩的心理，害怕工作领域的高标准。尽早发现并处理好孩子的拖延，可以奠定孩子成功的基础。

看电视是孩子学习还是父母偷懒

有家长问我："托德老师，我家的孩子平常特别喜欢看电视，有时候一看就是几个小时，我总是有点儿担心，看电视太久会对眼睛不好，而且很多网络上的文章都说看电视对孩子有危害，我们想搞清楚究竟应不应该让孩子看电视？哪一种说法比较靠谱？"我们今天就来谈谈这个话题。

对于儿童看电视时间，进行大样本研究的有两个美国社会学家，一个叫科恩，另一个叫安德森。我看了他们的报告以后，发现原来我自己小时候看电视的时间真的不算多。他们报告说，历史上看电视最多的一代出现在20世纪50年代的北美，那时候的学龄前儿童醒着的时间里平均有1/3的时间是在看电视，连9个月大的婴儿每天都有90分钟的时间在看电视。（Cohen, 1993, 1994）即便是到了1998年，美国还有超过25%的儿童每天看电视超过4个小时。心理学家安德森采访了很多18岁的少年，发现很多人最近12年花在电视上的时间比他们上学、做作业的时间加在一起还

要多出 50%，仅仅只比睡觉的时间少一点点。（Andersen et al., 1998）

那么，看这么久电视对孩子们有什么影响呢？

所有的心理学家对 3 岁以下的孩子看电视所持的观点是完全一致的，那就是这个年龄段的孩子最好完全不要看电视，这也是美国儿科学会对所有家长的明确建议。根据我的儿童心理治疗经验，这个年龄完全可以再上升到 4 岁或者 5 岁，因为这么大的孩子，他们根本就不理解电视人物做任何一件事情背后的动机，所以，他们只会单纯地去模仿，即便电视内容里包含了有害的成分，他们也会不加辨别地当成自己应当学习的内容。这可能导致两个结果。

第一个结果，他们会模仿电视里人物的行为，然后在生活中实践，并且觉得这么做很好玩。然而，这种模仿是盲目的。我们当地就发生过这样一个悲剧，4 岁的哥哥因为看《熊出没》模仿光头强砍树，结果拿着家里的菜刀砍死了 2 岁的妹妹。我在后来调查过这种事情是不是个案，结果发现，这种儿童模仿性伤害事件并不少见。另外，2014 年江苏就有一名两岁半的小男孩模仿光头强，用斧头砍伤了自己的两根手指，导致指骨骨折，肌腱断裂。因为看《熊出没》而发生的模仿性伤害事件，可以说是数不胜数。

让不到 4 岁的孩子看电视的**第二个结果是，可能会无意中在他们的心里种下恐怖的种子**。孩子在这个时候的心理承受能力很弱，一些事情根本无法消化。我记得我们小时候有一些家长，就喜欢用《射雕英雄传》里的梅超风来吓自己的孩子，让他们老实点儿。我们楼下的一个 4 岁的小妹妹，每次哭闹的时候，她奶奶就会说"梅超风"来了，这时候小女孩真的就不哭了，但是每当这个时候，她的眼神里充满了恐惧，晚上会紧紧地抱着家长睡。心理学家卡拉玛斯在 1998 年曾通过皮肤电流测试发现，在电视中看到那些非常恐怖、丑陋的怪物或者坏蛋时，人们感受到的恐惧甚至超过了他们看到一把刀子直接捅过来。

2013年,我在去电影院看周星驰导演的《西游降魔篇》时,曾被屏幕上跳出来的妖怪吓了一跳——真的有些吓人。当时影院里有很多孩子是被家长带去看电影的,每次妖怪亮相时,我都会听见孩子的哭声。有的家长看到这种情况竟然都不离开,只是遮住孩子的眼睛说:"宝宝,等会儿就没有妖怪了!"

对于5岁以上的孩子应不应该看电视,心理学家们有两种不同的观点。支持学龄孩子看电视的心理学家觉得,电视里的内容有很多是在现实生活中实现不了的愿望,让孩子看带有暴力、幻想内容的电视,能够使他们被压抑的情感和攻击的冲动在看电视的过程中得到释放,他们认为学龄期的儿童看电视会让暴力行为减少。这个理论听起来好像还不错,但是心理学家始终没有找到太多支持这个观点的证据。

不过后来,也有很多心理学家发现,学龄儿童看电视会产生一些切实的好处。1997年,莫尔林对四年级到六年级的孩子做了一系列的记忆实验,他们让孩子们去记一些新闻材料,结果发现通过看电视的方式记住的内容比通过看书记忆的效果好得多。(Walma van der Molen & van der voort,1997)这其实也就可以解释,为什么很多小学生背书背不出来,很长的广告词分分钟就记住了。科学家还发现,如果学龄前的儿童经常看科教频道,他们的语言发展水平会得到显著提高;而如果让他们通过看电视去学习外语,也会比不看电视学习外语效果要好。有一些专门为儿童精心制作的连续剧,也会让他们变得更加友善、慷慨、包容和有创造性。听到这里,我们似乎觉得,给孩子们看看电视其实还是有很多好处的!

不难发现,所有孩子看电视所出现的好处都有一个条件,就是必须限定内容。但是,电视台播放的内容是不是适合孩子们呢?美国社会学家特格里奥和拉姆森研究了几家收视率最高的电视台,发现这些电视台在黄金时段里平均每个小时可以看到28个色情镜头和12个暴力镜头。(Truglio,1998)即使是在儿童节目里,也会出现大量的快速画面切换、刺耳的噪音和卡通的暴力场景。当然，中国类似的研究相对较少，但是，回忆一下近年来热播的电视剧，其中有多少是真的完全可以让父母和孩子们一起看的？是《来自星星的你》《甄嬛传》，还是《盗墓笔记》《琅琊榜》？

很多心理学家认为，孩子们连续不断地受到暴力节目的冲击，会让他们对暴力变得不再敏感。他们可能会觉得，这些暴力其实在我们生活中也是随处可见的，所以是可以接受的。男孩很可能会认为，原来我们取得成功的方式就是通过暴力来完成的，这大大提高了他们使用暴力的可能性。而对于女孩来说，看成人电视剧和广告只会告诉她们这样一些事实：颜值对一个人来说是最重要的，你现在还不够漂亮；和你不认识的人或者你特别喜欢的人发生性关系没什么大不了；这个世界是一个恐怖、孤独，充满危险和竞争的地方；解决我情绪问题的方式，就是"买买买"。所以你真的不能轻视电视这个问题。从各种实证研究的成果来看，反对孩子看电视，以及提倡控制看电视的时间和内容的声音，基本压倒了对儿童看电视不需要限制的观点。

肯定会有家长说：老师，你说得有道理，但是到处都有电视机，我怎么才能避免孩子看电视啊？对，确实几乎我们每个人家里都有电视机，要让孩子不看电视听上去还真有点儿难。不过，既然要做精益父母，不付出点儿代价怎么能实现呢？其实，那些喜欢把孩子扔给电视机的父母，内心都认为孩子是个麻烦，电视可能会充当临时保姆。但是，心理学家告诉我们，这真不是一个好办法。

那既然不让孩子看电视，我们应该怎么做呢？

其实，能够代替看电视，又能让孩子自己玩得开心的活动很多！阅读、画画、玩玩具、在户外奔跑……他们其实可以自己照顾好自己，不用你管。

如果孩子已经到了学龄期，我们可以逐步把看电视当成一种备选活动，但是要注意几点：

1. 卧室里不要放电视。

2. 对孩子看的节目要非常谨慎地选择，最好是看那些预先准备好的内容。

3. 整个家庭都不要养成看电视的习惯，孩子可以选择他们自己喜欢的节目，但是看完以后就要立刻关了电视机，每次看电视的时间不要超过一个半小时。

总结

电视是我们获取信息的一个媒介，但是给孩子看电视时，要对所看的内容和时间进行严格把控，然后根据孩子的年龄逐步放开。等到孩子足够成熟，有独立判断电视内容的能力时，再让他自由选择。

延迟满足与预防成瘾

很多人都关心一个问题——如何在早期预防孩子的成瘾行为。在我们讨论这个话题之前，先讲一个我自己的故事。

我平常都是开车上班，每天开车都会特别小心。为什么呢？因为我每次到人行横道的时候，都会特别注意看有没有边过马路边看手机的人。在路人注意力涣散的时候，司机要集中注意力才行。我也会注意到那些骑电动车的人，明明是红灯，就是等不了那十几秒钟，偏要冒着生命危险闯红灯提前走！

那些过马路看手机、骑电动车闯红灯的人，他们到底能从这些行为里获得多少好处呢？又是什么促使他们这么做呢？很简单，忍不住，忍不住看手机，忍不住要闯红灯！那么，为什么会忍不住呢？

我在心理咨询室里也会接收到很多青少年的咨询。很多孩子为了获得玩手机的机会跟父母打架：你不给我玩手机，我就不上学。在我的咨询案例里，玩游戏、上网成瘾的孩子有很多。那大人有没有成瘾行为呢？有！比如说购物成瘾，买东西买到要剁手的程度！不买又想买，买了又后悔。我们究竟为什么会有这样的成瘾行为？

其实，这些玩游戏、闯红灯、购物的瘾，都是在满足人的某种需求。我们在满足这种需求的时候有一种必须马上做的心态，所以必须马上看，马上买。这反映出一个心理学的概念，叫作"延迟满足"能力不足。什么叫延迟满足呢？简单地说，就是当我们有一个欲望的时候，我们能够忍住我们内心对它的向往，然后去思考一下它到底是不是足够重要，然后再去判断我要不要现在得到它。一个人成就的大小很大程度取决于他延迟满足的能力。

50年前，斯坦福大学的心理学家米歇尔做了举世闻名的"棉花糖实验"⊖。这个实验是怎么做的呢？

他把很多孩子聚到一起，然后对他们说："孩子们，我们下面要做个游戏。我给你们每人一个棉花糖，这个棉花糖很香很好吃，你们可以吃了它。但是我要告诉你们，如果你们在15分钟之内没有吃的话，我会再给你们每人一个，但是你要是吃了，那就没有了。"于是，心理学家就走了。当然，他没有真的走，所有的摄像机拍摄了这些儿童的行为。有的孩子根本就忍不住，马上就把棉花糖吃掉了；但有的孩子不断地跟自己的欲望做斗争，努力分散自己的注意力：不断地摸自己的衣袖，看看其他的地方，闻一闻、舔一舔，最终没有吃；有的孩子吃了一半。最后，心理学家回来看到那些没有吃棉花糖的孩子，就奖励了他们额外的一个。讲到这里，这个实验还没有完。科学家跟踪了这些孩子二十多年，结果发现那些能够忍

⊖ 棉花糖实验（Stanford Marshmallow Experiment）是斯坦福大学沃尔特·米歇尔（Walter Mischel）博士在幼儿园进行的有关自制力的一系列心理学经典实验。研究者发现能为偏爱的奖励坚持忍耐更长时间的小孩通常具有更好的人生表现。然而现在有人质疑，自制力而非战略策划能力（strategic reasoning），是否是影响行为的因素之一。

住不吃棉花糖的孩子，他们后来的学习成绩、工作表现，甚至收入都要明显地高出那些马上吃掉棉花糖的孩子，甚至连他们的身体素质和决策能力都比其他人强。于是，科学家得出结论，有"延迟满足"能力的孩子将会取得更好、更大的成就。

他们在面对游戏这种"小刺激"的时候，能够更清醒地认识到这件事情现在是不是重要的，我还有其他更重要的事情要做。延迟满足能力对一个孩子的成长至关重要，它可以让孩子忍住本能的欲望，选择更有效率、更重要的事情先去完成，这也是一种坚毅的表现。讨论到这里，大家一定想知道，怎样训练孩子的延迟满足能力呢？

训练延迟满足能力有三大原则，分别是"等一等""要努力"和"猜不透"。

第一个原则叫"等一等"。 什么叫"等一等"？当孩子需要一个他喜欢的东西时，你一定不能马上满足他。你可以跟他说："我们等一等，过几天如果你还想要，那么我们再来看，好不好？"如果孩子对于有些东西的爱好是瞬间和暂时的，他不一定是真心想要，等一等就能够让他抽身出来，养成善于思考的好习惯——"我到底是不是真的喜欢它？"如果确实一段时间以后，他还是很想要这个物品，你就可以满足他。

第二个原则叫"要努力"，就是孩子每产生一个愿望和需求的时候，一定不能让他很容易就得到。这样很容易就得到了，他一定会觉得没有价值，所以任何他向往的东西一定要通过努力来得到。我记得我小时候，特别想拥有一台红白游戏机，就是任天堂公司出的那种，我们小时候都以能拥有这台游戏机为最大的快乐。当我提出要求的时候，家人就跟我说："我们需要看看你的表现！"爸妈要考察我在学习、劳动及礼貌上的综合表现才能买。于是，我真的准备了大半个学期，表现非常好，然后家人才给我买了一台任天堂游戏机。但光有游戏机还不行，还要游戏卡，所以我又想要买更好的游戏卡。然后，家人又对我说了："你要买游戏卡，就还得更努力。"这让我要更加努力。虽然现在看来这不一定是最好的方法,但至少让我的欲望被"延迟满足"了。

第三个原则叫"猜不透",就是在孩子提出让你奖励他的要求时,不能每次他做得好你都奖励。这种奖励,会降低孩子的动力。打个比方,孩子帮家里打扫卫生,如果你每次都奖励他五块钱,那意味着什么呢?当有一天你不奖励他了,他绝对不会再来打扫卫生。所以你要在奖励他的时候,让他猜不透你的奖励规律。比如说他打扫了两次,给他一次奖励,又打扫了七次才给一次奖励,让孩子永远都摸不清你的套路,但又期待你对他的回馈。只有这样的方法,才能鼓励他继续努力。当然最好的方法还不是这种,最好的方法应该能让孩子体会做事情本身的乐趣!

不过,延迟满足的训练有两种情况需要区别对待。孩子两岁以下的时候,对安全感和温暖的需要,你不能延迟满足。比如说宝宝在床上哭,那你就不能一直让他哭,不管他。这样的安全感需求是不能延迟满足的,你必须马上满足他。如果在这个时候你让他缺乏了安全感,他在长大以后,会不断地去寻求这种感觉,而导致他在成年以后对生活做出错误的判断。另外一点是,"延迟满足"不是"不满足"。你尽量延迟一段时间,以后还是要满足孩子的。只要孩子付出了努力,信守了诺言,你就应该尽量满足他。

总结

如果一个人通过早期训练养成了延迟满足的习惯,他在做任何事情的时候,都会站在更高的格局上来看待。停下来,看一看,思考一下,什么样的事情是更有意义的。养成这种习惯的人,不会被"手机""游戏"或者购物这种小的诱惑困住,他们会去追求那些更有价值的生活、更长久巨大的满足。

孩子为什么撒谎

撒谎的原因

在孩子所有的问题行为当中,"撒谎"可能是最不能被接受的!一提到撒谎,我们就会和一个人的品行、道德联系起来。如果孩子骗人,你可能会很愤怒,觉得这个孩子怎么会这样,都学会撒谎了。所以,撒谎可能也是我们最名正言顺去打孩子的理由,打的时候我们可能还会说:"你犯错妈妈可以原谅,但是你骗人就不能饶恕了。"像我小时候挨过仅有的两次打,其中就有一次是撒谎导致的,这让我在很长时间内认为"撒谎"是必须严肃处理的问题行为。直到我发现有很多孩子,就算是受到了严厉的惩罚却仍然继续撒谎,这让我想努力搞清楚撒谎背后的心理机制。后来我发现,这个问题实在是太复杂了,也很有价值。下面,我将会从两方面为大家讲述孩子们的撒谎行为。

要想细细解读这个行为,我们首先要搞清楚,儿童究竟什么时候才会撒谎。有句俗话不是说:"孩子是不会撒谎的!"不过,这句话只说对了一半,真实的情况应该是:"孩子是不会撒谎的,除非他们年纪足够大,并且努力这么做。"一般的心理学研究认为,四五岁的孩子才能学会欺骗这个能力,因为"欺骗"是有技术含量的。什么叫骗人?从认知心理学角度来解释,欺骗就是努力地在他人心中植入错误的观念,而孩子心中的原始设置应该是,知道什么就说什么。所以,骗人意味着,孩子不但要抑制住说真话的冲动,还需要正确地组织语言让欺骗成功。这背后如果没有足够的推动力,他们是不会做这种费力不讨好的事情的。

不过,后来的研究发现,孩子们具备骗人能力的时间比以前估计的还要早一两年。1998年,心理学家卡尔森和他的同事就做了这样一个实验,(Carson, Moses & Hix, 1998)他们找来了很多3岁的儿童,先陪他们玩,和他们搞好关系,然后就分别对他们说:"宝贝,你们接下来捉弄一下那个叔叔（另外一个实验者）好吗？""你看啊，对面有两个盒子，我们把这个球藏在对面的一个盒子里，我们一起藏，藏好以后，如果待会儿那个叔叔来问你，球放在哪个盒子里，你记得要给他指一个错的盒子，不让他找到球，知道吗？"说完以后，卡尔森就走了。等到另外一个实验者进来问："球在哪里？"大部分孩子都欺骗了这个实验者。这也就证明了，大部分3岁的孩子已经具备了撒谎的能力。

不光是这样，3～6岁的孩子不仅能够撒谎，他们还能够识别谎言，甚至可以知道你为什么欺骗他们。皮亚杰就说过，这个年龄的儿童会把所有有目的、无目的的错误都当成谎言。我想很多家长都有经验，就是如果无意说错了一个答案，孩子就会以为你骗他。比如宝宝问你："我的滑冰鞋在哪里？"如果你也不记得，随便说了一句："在门背后吧！"如果孩子没有找到，就可能会对你说："爸爸，你骗人，鞋子根本没有在门背后。"

其实，这也意味着他们对欺骗这件事情开始敏感起来。如果他们被骗过一次以后，或者哪怕只看过别人被骗，那么下一次再遇到同样的场景，他们就会识别出欺骗，并且还能够猜出背后的目的。比如说，这一次你为了让孩子停止哭闹说："妈妈明天给你买玩具。"但是到了第二天，你没有买。下次再遇到孩子哭闹，你说给他买玩具，孩子就可以猜出你这么说的目的不过是想安抚一下他而已，很有可能是不会兑现的。

你是不是从来没有想过，孩子会这么聪明？

但是，**还有一个问题需要搞清楚，孩子为什么要撒谎呢？**

要搞清楚这个问题并不难，因为和孩子们相比，我们大人自己其实更善于撒谎。英国伟大的文学家戴维·赫伯·特劳伦斯㊀就说过："我们需要撒谎，就像我们需要穿裤子一样。"所以，你想想看，你平常在什么情况

㊀ 戴维·赫伯特·劳伦斯（通称 D. H. 劳伦斯），20世纪英国小说家、批评家、诗人、画家。代表作品有《儿子与情人》《虹》《恋爱中的女人》和《查泰莱夫人的情人》等。

下容易对别人撒谎呢？不过，大人撒谎和孩子撒谎的理由可能会不一样。要不我换一个问题：你小时候会在什么情况下撒谎呢？

是不是有两个原因？第一，逃避惩罚；第二，获得奖赏。逃避惩罚很好理解，就是如果你觉得自己犯了一个严重的错误，说实话有可能受到惩罚，于是，你就有可能撒谎说一个其他理由，试图以此来逃避惩罚。比如说，我小时候唯一被揍的那次就是因为这个原因而撒的谎。我记得是小学三年级的时候，有一次我的同学请我打电子游戏，而且是非常土豪的请客方式——拿十块钱出来买游戏币。这意味着我们可以随便在游戏厅玩一整晚的时间。结果我一下子头脑发热，耽误了晚上回家的时间，到家已经11点了。

父亲问我到哪里去了，为什么这么晚回来，我便撒了个谎，说到同学家一起做作业去了。因为我觉得，只要说是去学习，家里人就会忽略我晚回家还没打招呼这个事。没想到我爸是个老江湖，一眼就看穿我有可能撒谎，于是他问："哪个同学？住在哪里？"他还真的带着我去他们家里调查情况！结果一下子就穿帮了，后果你们自然猜到了。

获得奖励也是我们撒谎的原因，比如说，一个小女孩因为想要老师表扬她拾金不昧，偷了妈妈的钱交给老师说是捡来的。还有的孩子，为了获得奖励，甚至不惜冤枉同学。我就在一个小学见到过这样一件事情：班上有一位女同学丢了钱包，班主任老师帮忙调查，找了午休时间在教室里的同学来一一询问。

这几个被问话的孩子都有很大的压力，结果有一位男生跑过来指着其中一个被老师问话的男同学说："老师，就是他偷的，我都看见了。"结果，那个被指认的男同学气得都快哭了，极力否认不是自己偷的。老师也奇怪，这个同学明明被家长接走回家吃饭了，怎么可能看得到教室里的情况，还可以认定是谁偷了呢，说得好像就在现场一样。后来发现，这个男孩是为了得到老师的一句夸奖，就随便指认了一个同学，其实根本没有任何根据。

我调查过很多因为想要获得奖励而撒谎的孩子，他们在班里都不是很优秀的学生，被当众表扬的机会也不多，甚至显得没有存在感。所以，用这种方式来撒谎的孩子，一般是为了获得存在感。

所以，根据以上原因，我们就可以想一想：你平时是不是对孩子过于严厉，你的惩罚是不是过重？或者想想孩子内心当中缺乏父母和老师的肯定吗？如果他在学校里并不出众，我们在家里是不是能够弥补呢？他为什么要冒着被揭穿的风险去撒谎呢？能够想到这一层，你对儿童"撒谎"的行为就会理解得更深一些，在孩子"欺骗"你的时候，你的处理水平也就能提升一点点。

为什么说只提高了一点点呢？

因为只是用逃避惩罚和获得奖励的理由来解释撒谎，是有漏洞的。比如说，为什么孩子会在微不足道的事情上撒谎——"你刷牙了吗？"孩子说"刷了！"结果，你一摸，牙刷是干的！明明他没有变形金刚，却经常跑去和同学吹牛，说自己有多少套最新的变形金刚玩具；明明他没有养宠物，跑去跟老师说，自己家的狗狗死了，然后让大家一起来悼念。甚至有时候，他的谎言被揭穿了，还死不承认！这些情况都是什么原因呢？

这些问题意味着"撒谎"真的是一个复杂的问题，找到孩子所有撒谎行为的类型，以及针对每一种撒谎，我们可以采取的对策是了解儿童撒谎的四种常见类型与应对策略。

撒谎的应对

想要应对就必须精确地识别孩子撒谎行为的类型，然后再根据每一种类型采取灵活的应对策略。下面，我们讲讲儿童撒谎的四种常见类型与应对策略。

儿童撒谎的四种常见类型分别是：**微不足道型；吹嘘型；解释感受型；**

分离型。

你有没有发现,孩子 7 岁以前的某一天,从前那个单纯透明的孩子,突然学会说一些小谎了。这些谎言都是那些微不足道的事情,比如说晚上睡觉前,你问孩子:"刷牙了吗?"他很干脆地说:"刷了!"但是你用眼睛一瞟,以前他刷完牙,杯子都是乱放的,但是今天漱口杯放得好好的,而且你用手一摸牙刷是干的。这时候你觉得纳闷,他为什么要骗我?这么小就开始学会撒谎了,长大以后怎么办啊?于是你开始想,还有什么事情他在骗我呢?如果以后他还喜欢说谎,说不定会犯大错……简直不敢想了。所以,绝大部分的父母在遇到这种微不足道的谎言时,会轻易给孩子一顿雷烟火炮般的教训。但这真的是最好的应对策略吗?

儿童心理学研究发现,4~7 岁这个年龄段是孩子微不足道型谎言的高发时期。他们喜欢在各种生活小细节方面,时不时地骗一下你。为什么呢?因为这时候的孩子认为,之前我的生活是被爸爸妈妈百分之百知道和掌控的,他们好像有读心术。当然,这可以给孩子很好的安全感。但是 4 岁以后,孩子的自我意识水平越来越高,他们会更加渴望拥有独立的生活,比如说一些小秘密。弗洛伊德就说过:"孩子们第一次对父母成功地撒谎,就是他们首次独立的时刻。"这样孩子就可以证明,父母其实没有读心术。所以,撒些小谎,其实就是他们一次又一次,对拥有自己秘密的尝试和挑战。

7 岁以后,孩子的隐瞒可能会变得更有策略,特别是在你管得很严的情况下,他们会发展出各种技能。我有时候觉得,每一个孩子的成长都是一部和父母斗智斗勇的进化史。因为,独立是孩子们不可逆转的趋势。那对待这种微不足道型的谎言,我们应该怎么办呢?

首先,你需要了解,它确实是孩子的一种智力进步。在这样的条件下,再去采取行为。你可以选择对有的谎言睁一只眼闭一只眼,而对另外一些认真对待。还是拿刚才那个例子来打比方,当孩子告诉你,我已经刷过牙的时候，而你却发现牙刷是干的。这个时候，有的父母就会揭穿孩子："你骗人，牙刷都是干的，你根本就没刷牙！妈妈要生气了！"这样说的结果，会让孩子沮丧："唉，还是逃不过你们的掌心。"其实这样反而会刺激他们去想更周全的方法来隐瞒。如果你换个说法："嗯，你刷过了是吗？我感觉你好像刷得不认真。要不我们再来刷一次，把牙齿彻底刷干净好吗？来，妈妈和你一起刷。"这样说，你根本没有提到骗人两个字，没有贴标签，也满足了他们想有点儿秘密的需求，还展示了你的识别能力。孩子这种单纯的隐瞒需求在得到一定满足以后，其实他们就不会有那么强烈的骗人欲望了。所以，有时候你需要给孩子一些自由支配的时间和空间，让他们有一些越界行为，比如说出去一整天，把家完全交给他们。

除了这种微不足道型谎言外，有些 7 岁以上的孩子很容易开始"吹牛皮"，我们称之为"吹嘘型谎言"。我记得在小时候，流行那种变速山地车，一般来说是 16 速和 24 速的两种。但是，有个同学经常吹嘘自己有 3 台 96 速的超级山地车，每到周末就骑着去郊游，骑起来感觉比摩托车还轻松。同学们都羡慕极了，一直都想去看看他的 96 速山地车。但这个同学总是用各种理由搪塞我们，一会儿说借给别人了，一会儿又说拿去修理了，最后还是我们跑去问单车店的老板才发现，当时根本就没有 96 速的运动山地车。这个同学的"吹嘘型谎言"，也就被揭穿了。

我现在正在跟踪调研的一些小学里，也发现有很多喜欢吹牛的孩子。他们炫耀自己有很多新潮玩具，但实际上并没有。他们为什么要这么做呢？要想搞清楚原因，就需要了解这些孩子能够通过撒谎得到什么。

当他们在吹嘘的时候，一般都可以吸引同学们认认真真地在旁边聆听他们的讲述，让同学们都羡慕自己。而在这些孩子的心目中，都有一个共同的信念："我不够好！"所以，他们需要用这些外在的东西，来让同学们重新喜欢上自己。其实，这种心理也就是成人喜欢炫富、晒奢侈品的根源。

这些孩子的家庭从小就非常喜欢强调结果：

"哇，我家宝宝真漂亮啊！"

"哇，我家宝宝真棒，11个月就学会走路了！"

"我家宝宝已经可以认识1000个字了……"

上学以后，父母会更加强调成绩与现实生活的联系。你考到前五名，我就带你去海边旅游，我们最喜欢成绩好的孩子！这个逻辑就是，我们对你的爱是建立在你优秀的前提下，孩子会理解成：如果不优秀，你也许不会那么爱我。所以，当孩子做不到很优秀的时候，撒谎就成了满足这种虚荣心的最好办法，但这种撒谎原本是你给孩子设定的游戏规则。

对待这种谎言，你更加不能粗暴地责备，因为你才是始作俑者。所以，你需要反思自己，是不是在教育的过程中太过于强调结果和优秀程度，对孩子没有做到无条件地爱他们。如果你想补救，有几点建议。

每当孩子遇到事情不知道该怎么办的时候，首先你的态度应该是没有关系，爸爸妈妈和你一样，小时候也经常遇到自己搞不定的事情。这一步叫作共情，让孩子感觉到没有压力。错误的做法是，我们小时候遇到这种事情，都是自己处理好的，现在你有这么好的条件还做不好，怎么会这样呢？

如果有机会，你可以跟孩子讲讲你小时候的故事：有哪些事情做得不太好，后来是怎么接受了这个事实，并且能够发挥自己的特长，还在别的方面取得成功的，关键是你不要一味地说孩子应该怎样，好像任何事情都要做到最好，这本来就是不可能的，孩子要做到就只能撒谎了！

第三种谎言是解释感受型。 如果你家孩子突然开始跟同学们说一些自己的故事，而这些故事听起来很悲伤，让人同情，但你一下子就看出，这个故事是假的。这时候，千万不要马上批评他们。比如说，有一天，你家孩子在同学面前说自己养了5年的宠物狗死了，狗狗小时候是多么可爱，好多同学听着都流泪了！但你知道，你们家从来都没养过狗。这种行为不是他们的道德出了问题,而是他们会凭借自己的想象来编故事,作为表达他们最近内心感受的方式。我们成人也会用这种方式来表达,比如说:"我感觉自己的心像被千把刀子扎了一样!"这也是一种感觉描述,而孩子们会直接用一个想象的故事来描述心情,比如说他很沮丧或者很孤独时,就可能会编造一个自己的宠物或者好朋友离去的故事。这是在提醒家长,孩子最近的情绪真的不是很好!

所以,遇到这种情况,首先不要把这个故事解释成谎言。你可以帮助孩子重新定义这件事情:虽然这个故事不是真的,但我们知道你是在表达你的感受,你的心情不太好对吗,可以跟爸爸妈妈说一说吗?这样的问法会为你们接下来的沟通打下良好的基础。

最后一种,也是最严重的一种说谎叫作"分离型谎言"。这种儿童看上去好像很有主见,而且能处理好生活中的各种问题。但是,他们简直就是谎话大王,就算是被拆穿以后,仍然坚持谎言。更严重的是,他们甚至会相信自己说的谎是真的!我在参加一些社会援助项目的时候,就发现了一些偷东西的孩子,他们基本上不是家庭关系混乱,就是长期的留守儿童。但是,当你去调查这种偷窃行为的时候,他们会表现得很无辜,撒谎的时候面不改色心不跳,甚至委屈得直掉眼泪。但如果他被你抓了现形,他又会马上道歉。大家都很奇怪,这种孩子为什么能够这么熟练地撒谎。

这种谎言背后的原因是非常令人心酸的,所有说分离型谎言的儿童,基本上都是生活压力很大、极不快乐的,所以,他们会怀着非常大的不安全感生活,因为他们害怕被伤害。这些孩子一般都会有很多问题行为,比如说偷东西、搞破坏,但是他们做完坏事以后,其实心里非常明白这很不好,他们内心很希望把那个做坏事的自己和好的自己分开。那么说谎话,就是分离的一种方法。他们极力地否认自己做过的坏事,以此来维护好形象,久而久之,自己也觉得那些错误和自己没有关系了。

对于这一类孩子来说,最重要的是恢复他们内心的安全感。只有他们

感觉到不会被伤害,才可能慢慢不需要用撒谎来保护自己。一般遇到这样的孩子,我建议找专业的心理机构进行系统的心理治疗。

以上就是所有有关儿童撒谎的类型。我有一个感触,要让养育过程更加顺利有效,理解对方是非常重要的!当你从孩子的角度去感受他们内心的动态时,就可以在今后的教育决策中,做出更人性、更有爱的教育举动了。

怎么惩罚孩子才有效

在整个儿童教育体系里,惩罚一直是重要的话题。惩罚本身就意味着用一些严肃的方法来纠正和规避孩子的不良行为。苏联教育家伊·安·凯洛夫㊀就曾说过:"没有惩罚,就没有教育!"

我们常常会听到另外一种声音,儿童犯错的时候尽量多从正面引导,少进行批评和惩罚。根据这个观点出版了不少书,比如说《正面管教》《如何说,孩子才会听》等,多是这种思路。至少目前为止,我们还没有看到书名如《如何打,孩子才会听》等类型的书籍,其实在生活中很多父母都有这样的困扰:"我们越惩罚孩子,他越不听话,我都不知道该怎么办了!"

从长远来说,内部激励的作用要比外部惩罚的效果更有张力。这就像上班和创业的区别,如果你的老板跟你说,从明天开始你要7点钟到公司上班,晚上9点才能下班,不遵守公司的时间规定就要扣除多少工资,你会考虑到惩罚因素而去遵守公司的规章制度。乔布斯曾说过,每天清晨叫醒他的不是闹钟,而是梦想。如果你怀揣着理想去创业,你或许会为了完成某件事情,不知不觉早上5点钟就起来,忙到废寝忘食,只是因为你知

㊀ 伊·安·凯洛夫(N. A. Kaiipob,1893—1978),苏联著名教育家,苏联教育学的代表人物之一。他所主编的《教育学》一书曾对我国建国初期的教育产生过较大影响。

道努力下去你得到的回报可能会更多，未来对你的奖励可能会更丰厚。所以内部激励相对要比外部惩罚更有张力。

但在很多情况下，适当惩罚对孩子却是很有必要的，尤其是针对某些危险行为。比如，一个4岁的儿童喜欢往马路的车流里跑，或者某些孩子经常欺辱、挑衅其他孩子，对于诸如此类的事情，如果去阐述道理，或者等他自己慢慢发觉体会就会有失妥当。面对紧急的危险行为，我们的教育目的是要产生立竿见影的效果，诸如孩子在马路中间乱跑这样的事情，或许等孩子明白道理以后已经为时过晚。所以遇到这种情况，你就有必要拿出惩罚的利器，来快速有效地规避孩子的危险行为。

惩罚危险行为要有四个原则：惩罚及时；针对性强；情绪平稳；说理简短。

具体怎么解释呢？

第一，你发现孩子有危险的行为倾向，要立刻进行惩罚，不要拖到几个小时以后甚至第二天，延迟惩罚效果会大打折扣，而及时惩罚更容易让孩子把错误和受罚原因紧密联系在一起。其实，一些传统的惩罚方法在一定程度上有可以借鉴的地方，比如一个3岁大的孩子想要用手去触碰炉子里的火焰，传统的方法可能是在大声呵斥的同时，用力地打两下孩子的屁股，让他感觉到疼，用打屁股的疼痛来警醒他被火灼烧要比打屁股疼千万倍，从此他或许就记住了。这个方法或许不是很恰当，但确实简单有效。

第二，惩罚目标要明确，不能含糊和笼统。比如，孩子喜欢在马路上跑，你惩罚的时候就不能说"你不听话，我就揍你"，因为"不听话"是个非常笼统的概念，它也许包含了生活中的大部分行为，所以惩罚"不听话"是相对无效的。此时你应该直接告诉他："往马路上跑是非常危险的，你如果不和大人一起遵守规则过马路，我就会严厉惩罚你。"这样的话语针对性相对较强，他会明白自己是因为什么而受罚的，从而形成惩罚的规避意识。

第三，情绪要平稳。很多家长在惩罚孩子的时候常常会陷入误区，他们会带着情绪惩罚孩子，这样容易把握不好惩罚尺度，其出发点是为了教育孩子，结果却变成了对孩子的侮辱和伤害。所以，你惩罚孩子的时候，要控制好自己的情绪，可以先给自己1分钟时间调整呼吸，然后仔细想想惩罚孩子的目的是什么，再开始执行，这样的惩罚就会更加理智。

第四，在惩罚的时候，你的解释要简明扼要，向孩子说明是什么错误导致了现在的惩罚就可以了，不要长篇大论。这种讲道理的工作，可以放在平时来做，如果孩子刚犯错，你说太多的话，孩子很容易云里雾里，找不出犯错的原因。

这四点就是惩罚危险行为的重要原则。

如果你要惩罚的不是危险行为，而只是一个坏习惯，应该用什么方法呢？

结合自己平常惩罚孩子的方法，大家应该可以总结出来，无非是体罚、强制命令、诱导及收回爱这四大类方法。

先来看看第一种，也是最常见的一种——体罚。中国有句俗语叫作"棍棒底下出孝子"，受这种观点的影响，我们父母这一辈很长时间都觉得体罚是一种正确且有效的教育方法。包括我小学、初中那个年代学校里的老师，他们滥用体罚的现象也比比皆是。一般人认为，对那些有攻击性行为、调皮不听话的儿童体罚是理所应当的，至少从表面看起来，它见效非常之快。

但是，越来越多的研究表明，体罚会带来消极的后果，不应该经常使用。那些攻击性强、难以管教的孩子，他们的某些特质可能和遗传因素有关。比如说猴子，就可能要比小白兔更喜欢上蹿下跳。此外，严苛的体罚会在一定程度上导致严重的后果，被罚的儿童可能会失去共情能力，即同情心。他们会想："反正我一犯错就会被打，如果有一天别人犯了错，我也要惩罚他，没有理由可讲。"研究发现，年幼的儿童在受到严厉体罚后会表现出攻击性。如果在这个过程中还伴随着父母失控的情绪，儿童会变得惊恐，会对你说的一切充耳不闻。等到孩子长大一些，觉得自己有力量了，会更倾向于质疑你，甚至否定你的所有教育方法！你对孩子的影响，就会变得很薄弱。

除了体罚之外，还有其他三种相对没那么激烈的惩戒方式。

第一种方式是强制命令，这里指的是父母用语言或者肢体来强迫儿童，制止他做出某些消极行为。**第二种方式是诱导技术**，通过给儿童讲道理来鼓励积极的行为出现或者阻止消极的行为，这里包括设定限制、诠释某种行为的合理结果、解释、讨论以及帮助儿童感受到平等的对待。**第三种方式是我们可能经常会做的一件事情，收回爱**。比如，你再……我就不爱你了，你再……我就走了，留你一个人在这里等。这里面包含了忽视、隔离甚至对儿童的厌恶。

回想一下，自己平常是怎么做的呢？我们来模拟一下，如果你觉得孩子玩手机游戏的时间太长了，想要他少玩一会儿，会怎么办呢？如果运用强制命令的方法，你可能就会说："把手机给我，再不给我我就对你不客气了！"或者你一把抢过手机来，锁在柜子里，让孩子拿不到。如果你用收回爱的方法，可能就会说："你再不把手机给妈妈，我就不喜欢你了！""快点儿给我，我们要出门了，你不听话看我以后会不会理你！"

使用诱导技术，需要更系统地执行并坚持。比如说，等孩子今天的游戏结束以后，你就需要告诉他："你玩手机游戏的时间太长了，我需要限制你用手机的时间。"这个时候，你就必须要坚持，不管孩子怎么吵闹都不能被他威胁。等他平静的时候，你需要告诉他为什么玩游戏的时间是需要被限制的，过度玩游戏会有什么危害，比如说你会因缺乏运动变得肥胖或者说你长期低头会引起颈椎问题（现实案例），不管什么理由，你都需要给出一个合理的解释。你还要明确地告诉他，什么时候是游戏的限制时间，而哪些时间，达到哪些条件，玩游戏是被允许的。这其实就是在告诉孩子，关于这件事情我们约定的规则是什么，该怎么执行。做好铺垫之后，等下次孩子抱着手机不放的时候，你可以说："宝贝，还记得我们的约定吗？不遵守会怎么样？"这里的关键在于前面的一系列铺垫，而不在于最后的惩罚行为。

对于这三种方法，心理学家霍夫曼在1970年就做过细致的研究。他发现，**如果你想要儿童接受父母的规则，通常最有效的方法是诱导技术。**（M. L. Hoffman，1970）因为在诱导劝说的过程中，容易引起儿童的同理心和愧疚感，让他们自己产生内部改善的动力。**而强制命令法效果最差；至于"收回爱"的方法，效果很短暂，而且容易让孩子缺乏安全感，同样也不建议使用。**

当然，科研的结果是一个大数法则，在某些情况下也并非不能使用更强硬的惩罚方式，这可能还要取决于儿童的气质类型。比如说温柔地诱导，更适合胆小焦虑的儿童，他们天生就容易不安，你只需要很小的刺激就可以让他接收信息，强硬的方式反而会让他更加焦虑，从而变得胆小懦弱，而对于活泼顽皮的孩子，惩罚的方法有时也可以相对强硬一些，重点是把握惩罚的尺度，不要让一个有针对性的惩罚升级为诅咒、侮辱或者赶出家门。这些行为与儿童成年以后的精神疾病密切相关，具有毁灭性的打击，所以一定要非常谨慎。

> **总结**
>
> 在儿童的成长过程中，要消除他们的违规行为，我们可以采取以奖励正确行为、忽略错误行为为主的方式；当孩子出现了危险性错误的时候，采取紧急的惩罚措施；体罚、强制命令、收回爱都需要非常谨慎地使用；最安全、最有效的方式就是与孩子制定详细的规则（可以一起讨论），坚决执行且不断地强调这个规则，解释清楚限制他这么

> 做的原因,直到他自己能够心甘情愿地接受这种规则的限制。讲到这里,你可能会发现,惩罚根本就不是目的,而只是手段,如果你能将自己的信息及时地传递到孩子的心中,那么惩罚这件事情就完全不需要了。

如何打孩子才"不受伤"

曾经有人问我:"我小时候就经常被爸爸打,但长大了好像并没什么问题,也没有恨我爸爸。到了现在,我儿子不听话的时候,我也忍不住打他。但老师们都说不要体罚,我虽然赞同,但总想弄明白这到底是为什么。老师,你可以详细讲一讲吗?"那么,下面我就跟大家深入探讨一下,有没有一种体罚是可以接受的,如果不体罚,还有没有更简单有效的办法呢?

我相信,现代的教育传播者基本上会共同呼吁:"不要打孩子,体罚是解决不了问题的。"但是,有些家长心中依旧存在这种"不打不成器"的观念。首先他们觉得"打"可以树立家长权威,让孩子感到害怕。很多爸爸在跟我聊天的时候,常常会用一句口头禅:"我家孩子现在还怕我呢!我一瞪眼,他就老实了。"说的时候还不时流露出得意的表情,好像孩子"怕"才是成功的教育。但是,有怕的时候,就意味着未来有不怕的时候,到那时候怎么办?还有一种观点是"打"可以激发良好的行为。如果他学习偷懒,我打了他,那么他不就不敢偷懒了吗?这个逻辑是说得通,但是就像是人病了吃药一样,你考虑疗效的同时,至少也要考虑一下副作用吧?那么,体罚有什么副作用呢?

有一大批专家认为,虽然体罚和虐待不一样,但是它们之间的界限是非常模糊的,稍有不慎就会引起很严重的后果。我们先来看看大量的横断面研究的结果,所谓横断面研究就是在一个时间点调查很多孩子,然后看看他们曾经受过的体罚和现在的表现有什么关系。研究结果发现，体罚会产生短期和长期的消极影响，除了被打伤这种物理伤害外，童年时期的体罚会破坏道德感的形成，让他们更加信奉丛林法则。如果体罚的方式粗暴，会引起亲子关系的恶化，从而让儿童学到攻击性行为，而长大以后，他们会更容易患上焦虑症、抑郁症，甚至对酒精产生依赖，也更可能去虐待配偶和自己的孩子。

当然，这个结论刚开始受到了一些人的质疑："你说体罚会使孩子更有攻击性，那也有可能是因为有的孩子本身就具有攻击性，喜欢欺负别人，所以才会更容易被体罚。那些乖孩子就不容易挨揍。"

针对这个质疑，从1997年开始，很多大样本的研究在设计的时候就控制了儿童本身的攻击性因素，也就是说他们也会研究那些小时候很乖的孩子，在被打以后会不会变得有攻击性。（Gunnoe & Mariner，1997）一些心理学家从孩子3岁开始跟踪到上高中，最终的结果显示，儿童受到的体罚越多，他们越容易产生具有更多攻击性的行为，也就越可能形成反社会性人格。这证明，体罚造成了儿童的攻击性。

那些认为"打人"可以减少负面行为的父母可能也要失望了。因为很多时候，体罚会招致愤怒和怨恨。一旦产生这种情绪，儿童将会把注意力集中在"我有多痛苦"上，而不是"我犯了什么错"上。你想想看，在你非常愤怒的时候，就算别人说的道理再正确，你能听得进去吗？别说是体罚，就是普通的惩罚都会起到负面的效果。

伟大的管理学家彼得·德鲁克⊖曾经发现，如果在一个公司对个人错误进行严格追责，不但不会提高这个公司的生产效率，反而会导致两种结果：第一就是员工破罐子破摔，无所谓了，不就是扣钱吗，反正也没多少；第二就是让他们没有动力去创新，反正做得多错得多，干脆保守一点儿不

⊖ 彼得·德鲁克（Peter F. Drucker），现代管理学之父，其著作影响了数代追求创新和最佳管理实践的学者和企业家们，各类商业管理课程也都深受彼得·德鲁克思想的影响。

做了。所以，后来很多公司都取消了针对个人的追责，改成了对团队整体的奖惩。

养育孩子也是一样，体罚用得越多，效果就会逐步减弱，甚至还会让孩子故意犯错，而且体罚会阻碍儿童认知的发展，通俗来说就是"越打越蠢"。到了青春期，当他们有足够强大的力量进行反抗时，依靠体罚教育孩子的父母的威信将会急速下降，然后出现那种完全管不住孩子的现象，这也是很多青春期孩子的父母来找我的原因。

包括我自己在内的儿童心理研究者一直在呼吁"不要体罚"，但除了中国，西方发达国家也没能完全从法律上禁止父母打孩子。做得好的地域是欧洲，像丹麦、芬兰、德国、瑞典等少数国家是全面禁止体罚的。在美国，人们认为在学校体罚孩子是违法的，但几乎所有州都允许父母实施体罚。迄今为止，我们国家也只是基本禁止学校的体罚，但在父母对孩子的体罚上，还没有强制且有效的法律来实施保护。

我查阅了1999年的一项研究报告，研究人员对991名父母进行了详细调查。（Straus & Stewart，1999）结果发现：有35%的家长对3岁以下的孩子实施过体罚；94%的家长对3～4岁的孩子实施过体罚，主要的体罚方式是动手打孩子；超过一半的家长会在孩子满12岁以后还打他们，哪怕是到了17岁，还有13%的家长进行体罚。这个数字令人触目惊心！你们还记得3岁这个年龄段是什么阶段吗？第一逆反期——94%的家长至少用过一次体罚来压制孩子的违规行为。这其实也让我觉得改善现状还有很长的路要走。我自己也开始反思，光是呼吁你们不要打孩子，到底有没有用？如果体罚行为会在家庭中长期存在，我们又该怎么办呢？有没有一种比较安全的体罚方法呢？

为了解决这个问题，我进行了大量的学习和研究，有一项持续6年的跟踪研究发现，有一种体罚可以最大限度地减少对儿童的伤害，并且几乎不会引起以后的行为问题，是什么方法呢？（Mcloyd & Smith，2002）

那就是当儿童受到适度体罚的同时，也受到母亲或者父亲强烈的情感支持，这时候，当次的体罚就不会引发孩子将来的行为问题。也就是说，你体罚他的时候，自己也要对他的痛苦感同身受，并且惩罚完之后进行情感上的安慰，这种方式是相对安全的。其实，我自己小时候就受到过这样的体罚。记得我小学二年级的时候，经常放学不直接回家，到处去玩。次数多了以后，我父亲就有点儿恼火了。有一天家里有一些急事，需要出远门，家人嘱咐我早点儿回家，结果当天我又没有按时回家。这时父亲就决定体罚我。他让我趴在床上，把屁股露出来，然后用皮带抽打。我记得当时我被打得很重，后来照镜子发现屁股上布满了被抽打的痕迹。

但是，那一次我自己内心并没有觉得受伤，而且还能反思自己做得不好的地方。为什么我被打之后，没有受伤和怨恨呢？因为父亲当时边打我边流泪，打完之后自己竟然也坐在地上大声哭起来。后来，还抱着我说真舍不得打我，只是我犯了太多次这样的错误，而且不去改正，他内心很焦急，也很难过。他这样的表现，让我反倒去同情他了。这就是所谓的有情感支持的体罚。

如果我们在家庭中不能完全地避免体罚，那也应该使用这种情感支持型体罚。但要注意的是，不要以为有了这种方法你就可以滥用体罚。**这种方式有非常严格的使用条件：第一，体罚的强度要适度；第二，惩罚期间和之后要做大量的情感支持和安抚工作。**这两点都是很不容易把握的。所以，美国儿童学会极力主张，父母不要使用任何方式的体罚，而采用另外一种有效而非暴力的惩罚法——申斥，就是在孩子犯错的时候，明确地告诉他："我不喜欢……"比如说："我不希望你放学超过6点才到家"，用这样的话来明确界定你不希望看到的行为。然后，你还要时常表达："我喜欢……""我喜欢你把吃的东西分给弟弟妹妹……""我喜欢你按时起床……"这种方法如果坚持下去，会非常有效。

但要注意使用的原则：

1. 既要说明你不喜欢什么，同时也要告诉孩子你喜欢什么。
2. 坚持前后一致，你的规矩不要变来变去，要不就无效了。
3. 申斥要在身体接近的时候进行，不要在电话里说。
4. 惩罚要单独进行，而如果要表扬，需要当着所有人的面大声说。

如果你能科学地执行这几点，孩子身上的那些坏毛病一定会越来越少。如果这些方法还不够的话，你可以再结合取消某些特权的方法，比如每周玩电脑游戏的时间。

体罚是一种很特殊的教育方式，在绝大多数情况下不建议使用。如果不能避免体罚，也至少要在充满情感支持的环境中进行，并且做好足够的安抚工作。效果更长久的方法，应该是家长明确设定界限，反复强调，单独惩罚，当众表扬。如果能够贯彻到底，你将成为一个善于使用奖惩的家长，而你在生活中关于教育的烦恼也将会减少很多。

表扬孩子的正确姿势，你做对了吗

曾经有段时间，有一种教育观点叫"不要放过任何一个表扬孩子的机会"，很吸引父母的眼球。这种观点宣称，要抓住任何机会来表扬自己的孩子，哪怕是微不足道的事情！无论发生什么都要告诉孩子他是最棒的，这样他就会受到激励，变得更加自信和快乐。

比如孩子背出了一首唐诗，你表扬他是多么聪明：宝贝的记性真是太好了！以后读书肯定没问题！当孩子画出一幅水彩画时，你赞美他有艺术天赋：宝贝，你画得真是太好了，以后你可以成为一个大画家！

这种方法听上去会让孩子更自信、更愿意做这件事，但这种表扬的方式真的有用吗？

哥伦比亚大学心理学家穆勒和德维克就表扬的心理机制开展了

研究㊀。

在实验中，他们请来了400多名6～8岁来自不同家庭的孩子。

在实验的第一阶段，实验人员给孩子们准备了与年龄阶段匹配的题目，因此他们的平均正确率达到了80%，但心理学家却用不同方式反馈给随机分配的两组孩子。

第一组，实验人员非常正式地表扬了他们，高兴地说："你们很聪明，一定是因为你们聪明才能答对这么多的题目。"这与赏识教育的理念基本一致。

第二组，实验人员则只是公布结果，什么也没说。

按照赏识教育的说法，第一组孩子得到了表扬，应该会对他们的信心和动力产生正面而良性的影响。但接下来的实验结果，却让持有这种理论的人失望了！

在实验的第二阶段，心理学家准备了两个不同难度的任务。

他们非常清晰地告诉所有孩子：任务A是非常困难的，你们不大可能成功，但即使你们失败了，也可以从当中学到不少的东西。任务B是非常容易的，你们很可能成功，但从中可能学不到什么东西。然后，让这两组孩子做自由选择。

结果发现：被表扬的那一组孩子有65%选择了任务B，也就是更简单的任务；没有得到表扬的孩子却只有45%选择简单任务！

初步结论就是：被表扬很聪明的孩子面对挑战时，选择了逃避，即选择容易的任务。

再接下来，实验进入第三阶段，孩子将解答更多的谜题。

这一次题目难度最大，所以90%以上的孩子都做得不太好！做完之后，每个孩子会被询问：你喜欢做这样的谜题吗？你回去以后还会不会做

㊀ 摘自理查德·怀斯曼的《59秒心理学》。

这样的题目？

结果，两组孩子的回答出现戏剧性的差别：得到表扬的那组孩子85%以上都觉得这种题目没什么意思，回家后也不愿意再继续做这样的题目！而没有被表扬的孩子，80%以上反而表现出对题目更强的好奇心。

这个差别表明：被表扬的孩子的探索动力相对更小。

在实验的结尾阶段，心理学家让孩子们做了最后一次测试。

这次题目和第一次一样容易。虽然在第一次的时候两组孩子得分不相上下，但这一次，被表扬很聪明的孩子得分却远低于没被表扬的孩子。

为什么表扬不但没有激励孩子，反而让他失去了探索的兴趣甚至让他之后的表现大不如前呢？

心理学家穆勒和德维克在进行实验总结时，提出了造成两组孩子后期表现差距如此大的三个原因。

第一，告诉孩子很聪明，可能会让他感觉良好，但这也促使他更害怕失败。他会担心：万一没有成功，那就很难堪了。所以在第二轮实验中，他更倾向于逃避挑战。

第二，告诉孩子很聪明，就等于暗示他不需要努力就可以表现得很好，于是他就会缺少努力付出的动力，因而更可能失败。

第三，被告知很聪明的孩子，如果在接下来的测试中得了较低的分数，他的动力就可能被摧毁，从而产生一种无助的感觉：毕竟低分数就意味着他们配不上之前的表扬。

在研究中，穆勒和德维克还发现一个有意思的现象：

当孩子被要求说出自己在测试当中分数的时候，被表扬过的孩子有40%撒了谎，而没被表扬过的孩子只有10%撒谎。

这意味着什么？

意味着盲目表扬并不是孩子建立自信的良药，反而是我们中国人常说的捧杀。

实验介绍到这里,是不是说所有表扬都是有害的呢?

表扬这个工具是不是不能用呢?当然不是。

到目前为止,我只介绍了穆勒和德维克实验当中的两组孩子的情况。实际上还有一组随机分出来的孩子。

在实验的第一阶段,他们得到了心理学家最真实的反馈:"你做得很棒,答对了80%,你一定平常学习非常努力才能取得这么好的成绩。"

也就是说,这组孩子也得到了表扬,但心理学家表扬的是他的努力而不是聪明,接下来,这组孩子与其他的两组孩子表现非常不一样!

当这组孩子进入第二个实验的时候,只有10%的孩子选择容易任务;而且,第三个实验阶段后,和其他两组相比,这组有更多孩子愿意用自己的额外时间来继续研究题目。

实验的最后,在进行的最后一套测试中,这些孩子的得分是三组中最高的。

穆勒和德维克认为,因为努力而受到表扬的孩子,他会更有动力去挑战,因为他值得骄傲的是态度,而不是成功率!

所以他不会考虑将来尝试的结果,也不会害怕失败,这样的孩子对学习的渴望超过了对失败的害怕,因此他们更愿意接受挑战性的任务,而不是容易的任务。

同时,这些孩子更有动力在未来的测试当中继续努力,因此更有可能取得成就,而且即使他在未来失败了,也很容易将自己的失败归咎于努力不够,而不会产生丧失自信的无助感。

以上不同表扬的对比,就明确地告诉了我们:表扬孩子的努力和表扬孩子的能力,会导致截然不同的结果。

随后,其他心理学家在更小的孩子和青少年中,都发现了类似的结果。

这些研究都表明:**并不是所有的表扬都会产生同样的效果,表扬聪明**

会摧毁孩子的动力，表扬努力却会帮助孩子成为最好的自己。

从实验中，我们可以明确以下三个表扬法则：

1. 不要过分地强调孩子具有某种天分。

如果你的孩子在考试当中取得了好的成绩，我们表扬他："你是最棒的、最聪明的，所以你本来就应该比别人强。"这样并不利于孩子心理健康，而且还会暗示他不需要努力就会比别人成功。如果有一天他遇到了挫折，他就会觉得之前的一切都是幻觉，开始怀疑人生！ 更恰当的表扬方式则是告诉他，"这是你认真努力和耐心的结果，所以你要保持这样的好习惯。"

2. 所有表扬都要非常清晰具体，要明确让孩子知道他到底哪里做得好。

比如说：你积木搭得真漂亮，你能告诉我为什么要这么搭吗？这样就比"宝贝，你真乖、你真聪明"要好得多。具体而清晰的表扬能指明孩子的努力方向，会真正增强他的内部动力。

3. 表扬孩子的时候，一定是你真正觉得他有进步的时候。

大量科学研究表明，对于那些自信心不足的孩子来说，言过其实的表扬反而会让他感觉更加糟糕，还不如不表扬。因为每个孩子都是很敏感的，他知道你什么时候是在哄他们，什么时候才是真正的欣赏。想要让表扬取得效果，关键并不是随意而虚伪地增加次数，而是找到真实而独特的表扬角度。

> **总结**
>
> 一味地表扬为什么不可取？原因是：会让孩子害怕失败、丧失付出的动力以及产生无助感。真正有效的表扬方式是以下三种：

> 1. 不要过分地强调天分
> 2. 表扬要清晰而具体
> 3. 表扬要发自内心

学会正确的奖励方法

我究竟应该如何奖励我的孩子呢？在我们探讨这个问题之前，首先要知道奖励的目的是什么。

我们使用的所有奖励的目的都是希望孩子能够持续保持某一种我们希望看到的行为。比如说，我们希望看到孩子努力学习、热爱劳动、讲究卫生，所以我们会对这样的行为给予奖励。奖励本身并不能创造新的行为，而只是对这种行为进行巩固，就像你无论怎样奖励一只狗，它也不可能唱歌一样。所以，只要我们开始奖励，就会希望这种行为保持得长一些，我们称之为"养成习惯"。我想所有人都清楚习惯的重要性，以至于我们经常会说"成功是一种习惯"，并且要求孩子"从小养成好习惯"。到这里，我想你已经知道了奖励的终极目的就是要养成好习惯。那要怎样做呢？

奖励的方法推演

我们说心理学家的过人之处，就在于他们会把一个概念反复地琢磨、分析和研究。就拿奖励这件事情来说，并不是随随便便把礼物或者是钱给孩子就完成了奖励，而是在执行之前，就考虑到奖励的性质、频率、类型以及奖励的力度。你到底是给予精神奖励还是物质奖励，是给礼物还是钱，多久奖励一次，奖励多少，这都是你需要考虑的问题。我们以养成孩子饭后洗碗、打扫卫生的习惯为例，详细说明用怎样的方法可以让他们养成这种习惯。

第一个方案，有一部分人马上就会想到，我们可以命令孩子去洗碗。

但是命令与强迫常常会让孩子觉得洗碗是无趣的，甚至很厌恶。一旦父母的权威褪色，孩子洗碗这个行为就会无法保持下去。那就意味着，强迫不适用于孩子习惯的养成。

第二个方案，父母可能会给孩子一点儿奖励。比如说我小时候，爸妈都采取过这样的办法，就是我每洗一次碗，奖励五毛钱；我每扫一次地，奖励两毛钱。那个时候，几毛钱对我们来说是很有吸引力的，我就常常为了得到那几毛钱，吃了饭就主动开始洗碗，而且是非常愉快地去完成的。因为我知道，攒够了钱就可以买我喜欢的玩具或者零食了。是不是这样就可以了呢？并不是这样！这种奖励方式会出现一个问题，孩子之所以洗碗，是因为每次都有物质奖励，一旦他们得不到物质奖励，结果就是他们再也不愿意洗碗了。这种方案也无法让孩子养成洗碗的习惯，所以不是最佳方案。

第三个方案，就是我并不是在孩子每一次洗碗的时候都给予奖励，而是奖励的次数均匀地间隔。比如，第一次、第四次、第七次、第十次……依此类推，这些次数我会给孩子物质上的奖励，而中间的第二次、第三次、第五次、第六次等都不给予任何奖励，让孩子对下一次的奖励保持期待。这种方式会让孩子的行为保持得更久，并且在没有奖励的时候，因为期待着下一次的奖品，也会继续洗碗。那么你们可能要问，这就是最佳方案吗？不，因为我们所给的奖励是间隔的、均匀的，而且是有规律的，一旦孩子掌握了我们奖励的规律，他们就会钻空子，在没有奖励的洗碗过程中敷衍了事，能洗多快洗多快，在有奖励的时候，才认认真真地完成。所以，这个方案还是不行。那么，还有更好的方法吗？

接下来，我就要跟大家说说第四个方案，**那就是我们对孩子的行为进行不定期的奖励，奖励的次数毫无规律，让孩子摸不透我们的奖励方案。**我们有可能连续两次都给奖励，也可能连续三次都没有任何奖励。这个时候，孩子完全搞不清楚他们哪一次洗碗会得到奖励，唯一的方法就是继续

洗碗，期待下一次会有惊喜。当然，你也可以换一种形式，就是孩子每一次的劳动都可以得到一次随机抽奖的机会。把孩子喜欢的礼物，放在其中，把这个中奖率控制在25%左右，也就是让孩子抽四次奖会有一次中奖的机会。你可以让孩子积累这样的抽奖机会，到一星期结束的时候，进行集中抽奖。这样，就会比前面几种方法更有意思且更令人期待。

当然，如果你想把这个行为进一步巩固的话，还需要在奖励的形式和数量上下功夫，甚至结合更复杂的随机奖励组合。比如说，除了物质奖励之外，你还可以结合更多的赞许、亲吻、给予孩子更多的自由权利以及抽出更多的时间陪他玩。通过这些方法，你就可以让孩子把"洗碗"这个行为与"兴奋""获得感"联系起来。当行为固定在他的习惯中时，即使以后再也没有物质奖励了，孩子也会怀念饭后洗碗的那种令人期待与愉快的感觉。这样一来，养成习惯就不是什么很难的事情了。

以上所介绍的是心理学中"行为主义"学派在上百年的研究中留下的一些方法，也是我们在教育中常用的措施。

最佳奖励方案

看到这里，大家觉得这样是不是就够了？如果你认为这就是最佳方案了，那就大错特错了。我们仔细地想一想，以上的方法虽然一个比一个有效，但从哲学角度来说，是比较落后的方法。你有没有想过，为什么我们一定要为了奖励去做事情呢？你怎么知道现在所获得的奖励，不会损害你的长远发展呢？如果孩子小时候做每件事情都需要奖励的话，他有可能长大后会成为一个极度的现实主义者，这件事情有掌声、鲜花和金钱我就做，如果没有这些我才不会去费这个神，而在这个世界上，那些有卓越成就的人，大多在长期的努力过程中是得不到任何奖励的！

如果我们每个人都期待那些"及时""高频率""在眼前"的奖励，我想曹雪芹也写不出《红楼梦》，爱因斯坦也悟不出相对论，屠呦呦也根本发现不了青蒿素。那些需要奖励、需要肯定才有工作动力的人，常常并不具备独立完整的人格体系。我努力学习是为了得到老师的表扬、父母的赞赏，进入大学后老师不再表扬成绩好的学生，我也就不再爱学习了；我讲礼貌是为了长辈们夸我，一旦讲礼貌无法成为炫耀的资本，那我是不是就可以变得粗鲁？我们现代生活充满了各种奖励和刺激，一旦我们需要依赖这样的刺激而快乐，那么下一次的快乐必定会需要更大的刺激来生成，当我们找不到更大的刺激来让自己快乐，抑郁就产生了。所以"正念治疗法"会让人们用40分钟去吃一个葡萄干，为的就是帮助人们体会到生命中小事情本身的乐趣，唤醒他们已经被遗忘的快乐感受力。

所以，**最好的奖励就是没有奖励**。比如说要带孩子去学钢琴，不要说，你弹好钢琴妈妈就给你买什么，你就可以去哪里玩。这句话的潜台词其实是，弹钢琴是很艰苦的，所以妈妈需要用更有意思的事情来奖励你，就像孩子吃中药之后，家长会再给他吃一颗糖。**最好的奖励应该就是事情本身**，弹钢琴本身已经足够快乐了，并不需要用额外的东西再去奖励孩子。你要告诉孩子，你做任何事情都是因为它本身就很有意思，而并不是为了奖励才去做。

可能有人会问，那我让孩子弹钢琴，他不愿意弹怎么办呢？这可能有两个原因：第一，因为你对他弹琴有要求，他必须弹得怎样好，才能过关；而且，他如果不好好弹，随时可能受到惩罚。这一下就打击了弹琴的积极性。第二，有可能他真的不爱弹钢琴，你凭什么就判断他一定适合学钢琴呢？你只需要在孩子开始弹钢琴的时候，保持足够的好奇心，陪他们去探索就可以了，而且，你还可以尝试帮孩子树立对弹钢琴本身的荣誉感，比如说带他去看钢琴演奏会，特别是让他们感受一下谢幕时观众对钢琴家报以的赞赏和掌声，感受一下谢幕时观众给钢琴家鲜花与掌声的瞬间，让他觉得弹钢琴是很牛、很有范儿的一件事，我想孩子自然会慢慢地爱上弹钢琴。如果这样孩子都没有多喜欢，那就证明你该给他换个兴趣班了！

给孩子选择的机会，让他们找到他们真正感兴趣的，不需要任何奖励也会专注地持续做下去的事情。

代币法的高效性与局限性

代币法是一种奖励的有效方法。我曾经一度怀疑，如果"代币法"的创始人能活到今天，一定会是一位抢手的游戏设计师，因为代币法和电子游戏中的奖励机制实在太相似了。大家想想，在游戏领域，我们需要通过消灭一定数量的敌人才能够升级；我们必须收集到几个物品，才能合成一件更加稀有的宝贝；只有积分积到特定的数额才能获得优惠，而不是直接给你返现。游戏中的奖励机制都是间接的、多流程的，同样，代币法也需要孩子通过完成特定的任务收集代币，最后才能获得奖励，因此代币法比一般的直接奖励更加有效。

关于这一点，上一节我们讲过，如果孩子做得好，你马上就奖励他，很容易让孩子产生"刺激适应"，这对他们的激励效果不会持久。当你明白代币法的原理和电子游戏是如此相似之后，就绝对不难理解代币法的运作原理了。

下面，我来告诉大家代币法的四个原理：

1. 条件反射。
2. 建立阳性强化。
3. 激发自我控制。
4. 消退训练。

接下来我会以游戏为例，逐条为大家解释。

什么叫"条件反射"？在电子游戏中，玩家需要到达特定的商店输入密码才能获取宝物，人物升级的时候会有炫酷的音效提醒你，你可以学习新技能了，收集七颗龙珠才能召唤神龙等。这些都是获取奖励的条件反射。

美国心理学家斯金纳○曾经做过一个实验，只要老鼠压杠杆就能取得食物，在偶尔触碰到压杆而获得食物后，老鼠就会学会这个动作。本来压杠杆这个动作和吃饭没有关系，但却因为心理学家的设计而联系在了一起，这就叫作"条件反射"。

我经常看到一些父母莫名其妙地对孩子发脾气，或者一时高兴就给孩子买很多的玩具。孩子当时是很开心，但以后你对他提要求的时候如果不给玩具，他就不会再听话了。所以，随意地奖惩是有害的，形成特定的刺激反应关系是代币法的前提。

我们再来看原理二——"阳性强化"。"阳性"的意思就是正面的。你不能用代币法来惩罚孩子，如果孩子连续5次不按时吃饭，你就扣他的分，并且给他禁食一天，这样做很不合适，负强化会使孩子更加厌恶吃饭。

我们的奖励是正向的奖励，孩子每次完成所指定的行为或者没有发生规定禁止的行为就可以得到相应的奖励。在电子游戏中，如果玩家死亡了或者任务失败了，游戏设计师一定会让你重新玩一次，绝对不会把你之前的金币和经验全部没收。如果他真的没收，你还想玩这款游戏吗？

接下来我们看一下原理三——激发自我控制。这一点让我们从反向来思考，孩子被那些电子游戏驱动完全是自发的，没有任何人督促他们，而这也正是代币法相较一般行为管制的优势所在，代替奖励都可以把孩子的外部动力转化为内部动力。孩子为了获取期望的奖励，会有意识地约束自己的行为，为获取代币调控自己的言行，而不被外界左右。

原理四——消退训练。根据条件反射的原理，当某种行为得不到强化或者不再被引起重视时，行为就会消退。曾经，有一个老人住在一所精美

○ 伯尔赫斯·弗雷德里克·斯金纳（Burrhus Frederic Skinner），美国心理学家，新行为主义学习理论的创始人，著有《沃尔登第二》（Walden Two，意译为《桃源二村》）、《超越自由与尊严》(Beyond Freedom and Dignity)、《言语行为》等。

的庭院里，可有一天来了一群孩子，在他的院子里大吵大闹，怎么赶也赶不走。老人很担心这群孩子把自己的庭院给糟蹋了，就特地把孩子们叫到一起说："今天你们在我的庭院玩，我会奖励给你们糖果和零花钱。"孩子们高兴极了，发疯一样地玩耍。一周以后，老人对孩子们说："从今天起，我只给你们奖励糖果了，因为我没有钱了。"孩子们开始有点儿失落和不高兴，可想了想，毕竟还是有糖果的，又开始玩了。

又过了一周以后，老人说："我现在越来越穷了，什么都给不出来了。"孩子们开始不高兴了，说："前两周还有礼物，现在什么都没有了，我们不在你这里玩了！"接着气冲冲地走了，走的时候还非常生气地回头大吼："我们再也不来了！"

现在大家应该明白了，"强化"指的是没有过多的重视和批评，反倒是忽视孩子当下的行为，当孩子觉得他们的行为不被重视反而还损失了更多的时候，他们自然就会停止这种行为，于是老人的庭院终于安静下来了。

说了这么多，我们到底该怎么做呢？使用代币法时有哪些注意事项呢？

具体的做法是这样的：

第一，搞清楚孩子到底要什么。孩子最喜欢的东西、最想要的玩具、最想去的地方、最爱吃的东西等，这就是斯金纳实验中的"食物"。

第二，你的期望是什么。你必须对孩子有一个明确而具体的期望，而不是笼统的。比如希望孩子健康成长，更聪明、更友善，这都是难以具体执行的期望。因此，你需要用一张清单，具体罗列每一个期望，比如改掉孩子不洗手的毛病，希望孩子每天早上都刷牙，希望孩子自己能够穿好衣服等。

第三，制定代币和建立规则。这是重点步骤。比如孩子按时完成作业就奖励五角星，数量是一颗；每天按时做操，奖励积分是五分。注意代币不能用于惩罚，如果孩子做错了事情，不能扣除代币，取消奖励。然后确定代币的兑换标准，孩子需要连续积攒多少颗星星才能获得奖励。就像游戏中你要达到多少经验才能升级一样，孩子需要完成所有的作业才能够看1小时的电视等。

当然，代币法也有几个注意事项：

第一，代币法不能用于负面的强化。这一点我们在前面已经讲过，这里再强调一次。

第二，你对孩子的期望应该具体而详细。

第三，对孩子的期望数需要控制在五条以内，这样更有利于孩子的坚持。

第四，对于金钱的奖励需要控制额度。一般情况下，我们不主张对8岁以下的孩子实施金钱奖励，当然3岁以下的孩子不太适用代币法，因为他们还没有达到了解"金钱"这一类概念的年龄。在奖励过程中，我们不能盲目奖励。

代币法有很多好处，但我还想强调一下它的缺点。虽然代币法是一种立竿见影的激发孩子动力的奖励方式，但是，使用的是"外部刺激"奖励法，而非激发人的内部动力。比如说，孩子连续五天按时完成作业，就奖励他一颗五角星，这颗五角星可以换取1小时的看电视时间，或者玩电子游戏的时间——问题出现了，这种奖励机制背后的暗示就是，按时完成作业是辛苦的、无趣的，只有奖励的内容（看电视、玩游戏）才是有趣的。在这样的奖励逻辑下，很难让孩子对完成作业或者对学习本身产生兴趣。他们努力的唯一目的就是获取其他的奖励，一旦奖励不足，他们的动力就会下降。所以，从长远来看，代币法并不是一种能够激发孩子内部动力的最好方法，我们只能用代币法来进行短期的激励以及问题行为的改善。要想激发孩子持续的兴趣与动力，还需要父母的亲身示范，营造良好的氛围，孩子在耳濡目染下才会爱上你所设置的规则，做出相应的积极行为。

如何培养孩子的自律行为

很多家长都会感叹，我家孩子总是不自觉，做事情总是磨磨蹭蹭，给他定下的规矩，也总是不能遵守，一不小心就会违规。惩罚效果短暂而且不好，讲道理又不知道从哪里说起。家长们总是羡慕那些能够把孩子教得很自律的父母。确实是这样的，有时候管理一个孩子就像是管理一个企业，员工的自发自动是需要长时间的培养与训练才能形成的，没有把这件事情做好，你是不能经常跑去喝咖啡、打高尔夫的。所以，你需要学习让孩子形成自律行为的方法。

要想搞清楚自律这个问题，首先你需要知道到底什么是和"自律"有关的。什么是自律呢？也就是自己要求自己，自己管理自己。那么这些要求是谁提出来的呢？如果我们每个人都只需要和自己相处，就不存在自律这一说法；要自我约束，就一定要建立在人与人之间的交往上。所以，自律首先和"社会化"有关。我们说的社会化指的是：儿童形成习惯、发展技能、获得价值观和动机，使自己变成一个有责任和有价值的社会成员的过程。要完成社会化必然会有一些规矩，这些规矩首先是爸爸妈妈提出来的。当爸爸妈妈只是用奖励和惩罚来让孩子服从命令的时候，这时孩子就是在遵守外部的规矩。而只有当他们把这些社会标准内化，成为他们自己内心的准则时，才会产生自律。到了这个阶段，就算你不监督他，他也会按照要求来做。

我们都知道，刚开始，孩子需要父母反复强调才能遵守规则，如何才能做到不需要监督呢？这种能力其实与儿童的两种能力发展有关。第一种叫"自我调节"。什么叫"自我调节"？打个比方，你家两岁的孩子对插座很好奇，想把手伸到电源里去，你发现了大喊一声"不要碰！"，这时候他会缩回自己的小手，当他下一次再想靠近电源的时候，他就会开始犹豫："我上次这么做的时候，爸爸不让我这么做。"于是，他就停止了危险的行为，这种能力就是自我调节。

想要完成自我调节，必须达到两方面的条件：

第一，孩子能够听懂你的意思。你说的"不要"是什么意思？听懂的孩子就知道，这是让自己不要把手伸到插座里去。

第二，他还需要读懂你的情感。他知道你在说这句话的时候是用什么样的情绪来表达的。

这就涉及了我们要讲的培养自律的第一大类训练动作——**你在给孩子讲规矩的时候，既要意义清晰，又要情感明确，这样才会有效果**。我们来详细讲一下什么叫意义清晰。如果你不想让孩子一边吃饭一边看电视，你就千万不要把电视打开，因为在孩子看电视的时候你喊"吃饭了，宝贝"，或者威胁他说"你再不吃饭，我就把电视机关了"，都是最无效的限制，孩子根本没有办法做到在开着电视的情况下不看，这是一种很大的诱惑。所以，对于这种情况，你在平时就应该跟孩子说清楚："宝贝，咱们吃饭的时候是不能同时做别的事情的。我们一吃饭就要把电视机关掉，你同意吗？"这是一个很清晰的表达，什么时候不能做什么，场景和行为相匹配，这就是一个很好的训练自我调节的机会。如果你家孩子可以做到吃饭时关电视，那么无论这一次他是否情愿，你都应该大大地表扬他，并且把这种信守承诺的帽子扣在他头上。一旦他接受了这个品质，当他再想去违反时，就要承受更大的社会压力。就像我们去向陌生人求助的时候，如果你一上去就说："大哥，我觉得你是一个很有正义感的人，"这时候你再去请求他帮忙，就会大大地增加别人帮助你的可能性。这就是角色期待的力量。

另一方面，我们需要在表达的时候准确地传达自己的情绪，也就是根据事情的严重程度来确定表达方式。如果孩子要做一件危险的事情，就像用手去摸插座这样的事情，你就一定要用非常严肃的表情和很紧迫的语气来跟孩子说话："宝贝，插座是绝对不可以摸的，会触电的，弄不好你就

要没命了!"这不是我们展现温柔的时候,一定要把严重程度表达到位。

当然,你也不能把每件事情都搞得很严肃。比如,孩子没有把矿泉水瓶扔到垃圾桶里,类似这样的事情,你就要用非常平和的语气来进行教育。因为传达情绪是有优先级的,如果你什么都用最高级,孩子就会觉得你经常这样,效果就会大大减弱。

以上自我调节能力的训练,只是从趋利避害的角度去训练他们。下面才是真正一劳永逸的方法。什么方法呢?培养良心!

这里的良心不是指我们平常说的善良,心理学里有另外一个称呼"**约束性的顺从**"。也就是说孩子在做错事情以后,他的不安情绪以及避免下次再犯的能力,其实就是他能够抑制内心冲动的能力。

心理学家柯肯斯卡曾经做过这样一个实验。(Kochanska, Murray & Coy, 1997)他邀请103个26~41个月大的孩子和他们的妈妈一起来参加游戏,让他们一起到一个很漂亮的房子里玩玩具,随便玩。等他们玩了两个小时以后,让妈妈告诉孩子,给你15分钟的时间,把刚才的玩具收拾好。这个房间里有一个很特殊的架子,上面摆了很多很有吸引力的玩具,泡泡枪、音乐盒、对讲机之类的。但是,这个架子上的玩具一直都是不准碰的。等妈妈告诉孩子让他收拾玩具以后,妈妈就会离开。心理学家这个时候就会在摄像头里偷偷地观察,看这个孩子会去收拾玩具,还是会去悄悄地玩那些特殊架子上的玩具。如果这个孩子能够服从命令去清理房间,并且不去碰那些玩具的话,那就会被界定为有约束性顺从的儿童,他们是能够自律的;如果他们想要去拿那些特殊架子上的玩具,等到家长提示以后才会去收拾之前玩过的玩具,就会被认定为是情境性顺从的孩子,也就是说他们只能他律。心理学家还发现了一个有意思的现象,就是女孩比男孩的自律性要好,而更重要的是,自律主要来自孩子的家庭观念和规则。(Kochanska, Tjebkes & Forman, 1998)这其实也就意味着自律完全是培养出来的,不自律的孩子基本上就是因为父母不懂得如何训练。

那么，**怎么做才能让孩子形成这种约束性的顺从呢？**

首先，这些自律的孩子是安全型依恋——这个的重要性我已经在前面说过了，这是整个儿童心理学的核心。**其次，自律孩子的父母经常跟他们做交互式的回应训练**，也就是说，只要有什么事情，他们想要规范的话，就会不断地和孩子进行对话和讨论，从吃饭的习惯到出去玩的时间，再到如何帮助妈妈做家务，不断渗透父母自己的要求。

我们来看一个情景，假设你想让孩子自己去收拾玩过的玩具，对于这件事情的自律训练该怎么做呢？你可以用5种方法进行交互式的回应。第一种，你一定要把放玩具的地方和箱子完全固定，让孩子很快就可以记住什么东西应该放在哪里；然后，你可以把收拾的过程设计成游戏的一个部分，比如，你可以说："好了，我们进入了游戏的最后一个阶段，该收拾玩具了！爸爸和你比赛，看谁能又快又准确地把玩具收到箱子里。一、二、三，开始！"这个叫作"游戏式交互"。

第二种，你可以先参与到游戏当中，熟练以后，再换一种方案——你只是去检查他收拾得对不对，这样可以让孩子慢慢地学会自己收拾，这叫作"评价式交互"。

第三种，并不是每一个孩子都这么容易上当，所以，威胁的手段有时候也可以用一两次。比如，孩子没收拾好玩具，你可以说："玩具没有收拾好，我们真的就不能出去吃饭。要不要赶紧去吃饭啊？"这叫作"压力式交互"。

第四种，最稳固的自律还是把这种规则植入到孩子的价值观里去。你可以在和孩子看绘本的时候，把"收拾""讲卫生"定义为一种了不起的行为，而相对的"不爱干净"可能就不那么体面了。爱整洁是一个小朋友优秀的品质，这就叫作"价值观交互"。

第五种，你还可以用终极的绝招：情感。"如果你这样做，妈妈会很高兴的。""如果你没有做到，妈妈会难过的。"这叫"情感式交互"。

总结

能否培养一个自律的孩子,首先取决于你能否清楚地表达你的每一个要求,这个要求是否合理;其次,你需要在平时不断训练孩子的约束性顺从的能力,可以通过给他们安全感和持续的交互式回应训练来实现。最后要注意的一点是:儿童的自律能力从一岁半就可以慢慢开始训练,但要真正形成基本的自律,需要超过 4 岁甚至 5 岁。所以,在孩子还小的时候,即使他还不能自律,你也应该认为这是完全正常的现象,你可以继续坚持以上的训练,同时耐心地等待他慢慢成长。

第 5 章

儿童社交：让孩子找到自己的位置

儿童的四种社交类型

俗话说"一个篱笆三个桩,一个好汉三个帮""双拳难敌四手",中国文化早就告诉了我们同伴关系的重要性。

科学也告诉了我们同伴关系的重要性,美国哈佛大学从1938年开始,经历前后75年的时间对724人进行了幸福实验研究,目的是研究影响人生幸福的重要因素有哪些。科学家每年定期追踪研究这些人的生理和心理健康状况,通过这历史上历时最长的关于人类发展的研究,最后得出了一条重要结论:良好的人际关系让我们更快乐、更健康。

我发现,其实我们每个家长都知道同伴关系很重要,所以我们的社群中才会有那么多关于儿童社交的问题。比如说:

"我家宝宝每次去幼儿园都是小心翼翼的,不敢主动参与活动。"

"我家宝宝只和自己喜欢的人玩,别人想加入就会果断地拒绝,因此经常和小朋友打架……"

我知道大家心中都有一个疑惑,为什么我家孩子在社交方面就这么不一样呢?在弄清楚这个问题之前,你们先得了解,每个孩子的社会交往都有自己的固定模式。

美国心理学家莫雷诺经过长期的跟踪调查发现,儿童同伴交往关系会自然地呈现四种类型:**受欢迎型、被拒绝型、被忽视型、一般型**。

受欢迎型儿童的特点：积极主动，在交往中表现出积极友好的交往行为，愿意分享，能被大多数的同伴接纳、喜爱。这类儿童约占 14%。

被拒绝型儿童的特点：在交往中活跃、主动，但是经常表现出不友好的行为，如强行加入其他小朋友的活动，抢夺玩具、大声喊叫、喜欢推打等，攻击性强，总是制造分裂，所以他们在同伴关系中总是被抵制的那一类。这类儿童也约占 14%。

被忽视型儿童的特点：不喜欢交往，常常独处或一个人活动，在交往活动中表现出退缩或畏惧，徘徊在同伴关系的边缘。这类儿童约占 20%。

一般型儿童的特点：既不特别主动、友好，也不特别不主动与不友好。这类儿童约占 52%。

如果你发现自己的孩子并不是"受欢迎型"的，甚至连"一般型"的孩子都不是，我们该怎样去帮助他们呢？

被拒绝型儿童并不是不愿意交往，他们的问题往往在于对人际交往技巧不敏感，自己怎么想，就怎么做，不会考虑别人的感受。所以，对于"被拒绝型"孩子的干预核心就是"共情能力"，也就是为别人着想的能力。

在这里，我教大家一种方法——"角色转换法"（移情训练法）。这是一个让孩子和父母相互转换角色、相互扮演的小游戏。

有一个 7 岁的小男孩，是个典型的被拒绝型儿童。上课的时候，老师转身在黑板上写字，他在下面要么走动，要么就去打扰前后左右的同学，要么就把桌椅弄出点儿声响。跟小朋友交流的方式主要是打或者咬，在午觉的时候自己不睡，还弄得宿舍里其他小朋友也不能入睡。老师没办法，就请家长每天中午到学校陪孩子，上课的时候就让家长坐在孩子的后面。

针对这个孩子的问题，我让家长和孩子做了"老师与学生"的游戏，妈妈扮演学生，孩子扮演老师，把学校里老师讲过的内容讲一遍给妈妈听。孩子在模仿老师上课的时候，妈妈总在下面弄出各种动静，孩子明显变得有些愤怒，说妈妈这个学生不听老师的话。家长引导孩子要把自己的体验与学校老师的现实情绪联系起来，比如说："刚才妈妈看到你这个小老师很生气，是不是因为妈妈上课的时候不乖？"孩子点点头。"那你想想你自己在学校上课的时候不乖，不听老师的话，那学校里的老师是不是和你一样也很生气？"接着还是妈妈扮演学生，孩子扮演老师，不同的是妈妈从一个调皮的学生变成了一个懂规矩的学生，孩子的情绪则有了明显的好转，这个时候家长也需要对孩子进行引导，比如说："妈妈看到你刚才很开心，是不是因为妈妈上课很乖，很听老师的话？"孩子点点头。孩子在扮演老师的过程中，可以学会从他人的角度去体验和感受，让他清晰地感受到怎么做才能成为受欢迎的人。

移情训练法是通过提高孩子设身处地为别人着想的能力，直至引起共鸣的一种方法。这种方法有利于儿童摆脱自我中心，促进他们建立良好的同伴关系。

在做移情训练的时候，家长应注意以下三点：第一，移情的基础是自己有深刻的体验，创设的情景是孩子熟悉的社会内容，符合孩子的年龄特点；第二，不断变换移情对象的身份，以训练孩子对各种不同人物的情感体验，扩大移情的对象范围；第三，在移情训练中，家长要与孩子一起进行训练，家长的移情能力和态度将影响整个移情效果。

我们再来看看被忽视型的孩子，他们的问题是安全感不够好，不敢与其他的小朋友交往，在陌生的环境中需要更长的适应时间。所以，对这种类型孩子的干预核心就是构建他们的社交安全感，让他们逐步适应一些陌生的人和环境。

构建游戏就是一个好方法！

什么是构建游戏呢？这是一种儿童用各种构建材料，通过想象和造型活动构造建筑物的形象游戏，是一种创造性游戏，搭积木就是其中最简单

的一种。这种方法有利于培养儿童的观察力、想象力、创造力、空间知觉力、同伴交往能力和合作能力。我们每个家庭中可能都拥有许多构建游戏的材料，比如积木、积塑、废旧的金属部件、户外的沙土等。构建游戏训练在室内和户外都可以进行。

有一个幼儿园大班的孩子，是一个被忽视型的儿童，不喜欢与人交往，在交往中表现出畏惧和退缩。刚开始进行训练的时候，我让孩子的家长用家里已有的材料构建火车、花园、围栏等，同时引导孩子对火车、花园、围栏进行描述，然后让家长和孩子一起进行城堡、公园、游乐场等的构建，让孩子对城堡、公园、游乐场进行描述。当孩子熟练后，邀请几个小朋友一起到家里来进行构建。

有一次，一个家长在培训后，根据孩子的想法邀请了三个小朋友来家里一起玩构建游戏。

家长说："今天很开心有三个小朋友来我们家和乐乐（化名）玩，我们一起来搭游乐场，大家想想游乐场都有些什么呢？"

孩子们就七嘴八舌地说："有木马、有花草树木、有道路、有碰碰车、有飞机。"

家长说："愿意搭木马的小朋友是谁？"有个小朋友说："我来！"

"愿意搭花草树木的小朋友是谁？"又有一个小朋友说："我来！"

等孩子们分完工后，家长就在旁边静静地观察，在适当的时候推进游戏。在孩子们搭完以后，引导小朋友一起欣赏自己的成果，对搭建的游乐场进行描述，并讨论有没有需要改进的地方。

构建游戏可以让那些被忽视型的孩子，不必一开始就面对直接的人际交往，而是和其他孩子共同面对一个游戏场景，循序渐进地适应。孩子在家里能和其他小朋友完成构建游戏后，就可以从家里走向户外，进行更多的构建游戏了。

孩子害羞、不爱跟人打招呼，其实是自我意识在发展[1]

经常会听到父母抱怨孩子，小时候挺好的，3岁以后，就越来越不像话。比如不爱跟人打招呼、不愿意当众表演节目、不愿意和大人沟通。很多家长把这些行为理解为：孩子不懂礼貌、缺乏教养、胆小怕事。在这一节内容中，我和大家一起来探讨，孩子为什么会出现这些状况，以及如何让孩子保持积极自我意识情绪和高自我评价。

其实，当孩子出现害羞、不爱跟人打招呼这种情况的时候，父母要知晓：孩子长大了。因为这表明，孩子的自我意识开始发展，与此并行的就是他的情绪也进入了一个新的阶段。

心理学家伊扎德[2]（C. Izard）认为，个体在出生后7个月之内，就会发展出基本的情绪：愤怒、悲伤、快乐、惊讶和恐惧，这些情绪由儿童的生物性决定，是与生俱来的。

但3岁以后，孩子会发展出新的情绪，包括：尴尬、害羞、内疚、嫉妒和骄傲，这些情绪与儿童对自我感觉的降低或者提升有关，这些情绪被称为自我意识情绪。比如，孩子在成功完成一项困难任务后，开始表现出骄傲（微笑、鼓掌或叫着说："是我干的"）；孩子没有完成一项简单的任务后，表现出害羞的情绪（耷拉着头向下看，或者加上评论"我不擅长这个"）。

当然，这些情绪会影响儿童的自我评价以及儿童道德水平的发展，也会影响儿童个性的发展。如一个经常感觉到高度害羞的儿童，就会对自己进行过多消极关注，然后发展出回避他人的行为等。

同时，发展心理学研究表明，父母对3～6岁儿童自我意识情绪有显著影响，到7～8岁时儿童的自我意识情绪才慢慢内化为自我评价。所

---

[1] 本节内容引用自朱丹的"为什么孩子越大越上不了台面"一文。
[2] 美国心理学家，提出了情绪多系统模型。

以，3～6岁这个年龄段父母对儿童的评价极其重要。

举个例子：当父母让儿童跟其他大人打招呼时，儿童如果因为害羞没有及时打招呼，父母责怪他：你真是个不懂事、不懂礼貌的孩子。当父母因为儿童的表现结果而轻视他，儿童就会更多地体验到害羞，下次更不愿意跟人打招呼。

如果孩子不跟人打招呼，父母这样说："当他人向我们微笑并且打招呼时，我们不回应是不礼貌的行为，你回应一下叔叔，别让人家不高兴。"当父母让儿童明白他们不当行为的错误，同时又鼓励他们尽量去补救错误时，儿童可能会感受到内疚，并且下次遇到类似行为时有可能改善。

作为父母，我相信大家都希望引导孩子获得更多积极的自我意识情绪。既然父母的评价对此有直接影响，那么我们应该怎么做呢？有三大原则可以遵循：

原则一：多积极关注，少消极关注。

原则二：少评价特质，多关注事实。

原则三：少在乎结果，多在乎过程。

首先我们来看第一个原则：多积极关注，少消极关注。

我们可能会发现这种情况，孩子一到两三岁就不那么乖了，开始脱离父母管教、调皮捣蛋了。其实这种情况非常正常，它是伴随儿童自我意识发展而发展的，恰恰体现了孩子作为独立个体走向自己人生的第一步。

那么，我们是看到孩子的发展力量，还是责怪孩子的行为不当呢？

心理学家亚历山大（K.Alessandria，1996）研究表明，**如果父母过多地对儿童进行消极关注，孩子就更可能在失败时表现出高水平羞愧，却很少会在成功时感到骄傲。那些更倾向于关注孩子积极面的家长，孩子在成功后会感到骄傲，失败时则更少羞愧。**

也就是说：我们在孩子做错事的时候狠狠责怪孩子，还是孩子做对事的时候，用心鼓励孩子，这些行为其实深刻影响他的自我意识情绪发展。

再从宽泛角度来看，就意味着我们在一件事发生时更关注什么，会极大影响孩子的自我意识情绪发展。

当孩子不断说"我偏不"的时候，我们能否欣慰地看到他在勇敢表达自己？

当孩子调皮、挑战权威的时候，我们能否看到当中蕴含的"批判性思维"的萌芽？

心理学研究告诉我们，更多关注孩子身上发生的积极事件或事件的积极面，能更好培养儿童的积极自我意识情绪。

这个原则引申开来，是同等重要的原则：多庆祝好事，少责怪坏事。

如果我们持积极关注的态度，就会更多发现他身上的好事，然后陪他一起庆祝，帮他重温当时的情绪和增加积极的自我意识情绪，如自豪、满足等。

如从幼儿园接到孩子，他告诉我们幼儿园比赛中他获胜了，我们是淡淡地来一句："哦，挺好呀，"还是饶有兴致地问："真的啊，告诉爸爸，当时发生了什么？你是如何做到的？你一定好开心！告诉爸爸，你有多开心？"事情过后，你还可以继续和孩子分享，每次分享会再一次激发孩子积极的自我意识情绪。

同时，如果孩子身上发生了坏事，比如他打架把别的孩子打伤了，他抢别的孩子的玩具，这时，如果我们从这件事情本身引申到他的性格："你总是这样欺负别的孩子，总是调皮捣蛋，不懂尊重他人，"狠狠骂到他再也不敢犯，却也在他内心植入了一个"我是个坏孩子"的自我评价。

而如果我们把目光停留在事情本身："刚才你打了人，对方非常痛苦，如果你被打了，又会有什么样的感受？既然如此，怎么处理才是比打架更好的方法？"就事论事讨论解决方法，事情过后就此打住绝不再提。

孩子经过这些事后会明白："打架、调皮是不好的事情，我不要再犯"，同时并不会影响他的自我评价。

接着,我们看第二个原则:少评价特质,多关注事实。

不少家长看到孩子成功会非常高兴地表扬:"你真是个聪明的孩子。""你真体贴。"看到孩子失败时,家长会评价:"你就是个坏孩子。""你又蠢又懒,简直糟糕透了。"

在3~6岁这个时期,我们对于孩子特质的评价往往会直接影响他的自我评价,从而干扰他对自己的准确看法:得到又蠢又懒评价的孩子,会激发深深的害羞和内疚,这个容易理解。那为什么对孩子的积极方面也最好不采用特质评价呢?

这是因为得到积极评价,如被表扬体贴的孩子,可能就会因为这个"标签"在以后更多地表现出体贴,哪怕他一点也不想。这种被他人"绑架"的行为其实是很糟糕的情况,会让他表面乖巧体贴,内心并不平衡,久而久之,要么会引发极低的自我认同,要么爆发出强大的反抗力量。

我们该如何做呢?

心理学家吉诺特的研究表明[⊖]:**评价分为两部分,一部分是我们对孩子说的话,另一部分是孩子自己对自己说的话。**因为这个时期孩子自我评价依赖于成人评价,如果我们关注事实,儿童就会自己总结出自我评价,而因为这个评价是他自己做出的,就会形成他的自我信念,会更加坚定,也能更有效地指导今后的行为。

所以,我们只需描述事实,目的则应是为了引发孩子对自己的评价。

比如我们下班回家后,看到家里被奶奶和孩子打扫得很干净,特质评价会是:宝贝,你真勤快!

而事实评价却是:"妈妈累了一天回来,看到家里整洁、干净好高兴啊!"。这样孩子听了以后,就会非常高兴地告诉我们:"这是我和奶奶一起做的!"

[⊖] 海姆·G.吉诺特,心理学博士、临床心理学家、儿童心理学家、儿科医生;纽约大学研究生院兼职心理学教授、艾德尔菲大学博士后。

然后我们继续说:"谢谢宝贝,这样做让我很感动。"这时,孩子会在内心对自己说:我是个体贴妈妈的好孩子,从而激发他的骄傲自豪情绪和积极的自我评价。

最后,我们来看第三个原则:少在乎结果,多在乎过程。

进入幼儿园的孩子,需要完成各种任务,在这个过程中,可能成功也可能失败。**如果我们过于关注结果,会让孩子产生一种"有条件"的积极自我评价。**

比如当孩子在课堂上获得小红花,家长知道后,可能会表扬:"你真棒,"或者即使不说出来,表情语气也会让他明白:这个结果使得我们很高兴。

但如果孩子某天没有拿到小红花,我们又是否会生气?或者即使不说出来,表情语气也会让孩子感受到。

以上行为如果持续在孩子成长过程中出现,就会给孩子建立起一种"有条件"积极自我评价的环境:即孩子的成功或失败,会极大影响他对自己的评价。

这种模式下成长的个体,更可能将失败或批评当成对他价值的否定,并可能因此对如何做得更好感到无助,产生自责或自我贬低、缺乏恒心等现象。

同时他还可能相信:差劲是永久性的,这种差劲的自我感觉会延续很多年。比如很多可能才上了两年小学的孩子就会说:"我语文不好""我根本没有学数学的天赋",这样的评价又会进而影响他之后的学习状况。

但如果我们淡化结果、关注过程、看到力量,孩子就会形成我们希望的品质,形成一种"发展性"的思维模式,他会相信任何失败都是暂时的,也一定可以通过努力获得成功。

所以我们需要做的就是,当孩子获得小红花时,祝贺他的同时好奇地询问:"爸爸妈妈想知道,你是如何做到的?"当孩子没有获得小红花的时候，我们同样为他庆祝，庆祝他有机会来思考自己："爸爸妈妈很想知道，今天你在幼儿园做了什么呢？还想拿小红花吗？为什么？"关注过程、淡化结果，会激发他更多积极的自我意识情绪。

> **总结**
>
> 孩子害羞、不跟人打招呼，是因为他开始发展自我意识情绪了。所以，这个时候，我们最需要注意的就是不要强迫孩子做他并不愿意做的事。

而如果想要提升孩子积极的自我意识情绪和自我评价，我们可以做什么呢？

记住三条原则：多积极关注，少消极关注；少评价特质，多关注事实；少在乎结果，多在乎过程。我相信，随着儿童的积极自我意识情绪越来越多，他就会具有越来越高的自我评价，最终成为一个我们期待的、大方和果敢的姑娘或小伙子。

如何帮助孩子解决冲突

我曾经对全国各地 13 000 多名父母，做过一次大样本的调查，发现有超过 45% 的家长，会因为孩子的社交能力感到困扰。比如："我儿子经常抢其他小朋友的玩具，别人不给就打人，怎么办？""我的孩子向父母提要求，一旦不被满足就开始发脾气、哭闹，怎么劝都不行。""我的孩子每次加入到集体活动时都会有些胆怯，总是不敢主动表现和发言。""我家孩子做事情总是冲动，不考虑后果，老闯祸！"

其实，以上所有的问题都反映了儿童身上的一个素质，**那就是社交**

能力。孩子为什么喜欢发脾气？为什么容易攻击其他人？为什么胆小、不敢与人交往？这是因为他们在目标受阻的时候，除了哭闹、发脾气之外根本想不出其他的办法。所以，这些行为成为他们受挫折以后自然而然的表现。每一个孩子从小到大都是一个逐渐社会化的过程，所以我们以上所说的脆弱、攻击、孤僻，都反映出了孩子社会能力不足的问题。

但不幸的是，大多数家长都看不出这背后的原因。一般遇到孩子出现以上状况，家长们就会采取这样的行动，他们可能先简单地制止孩子的行为，然后告诉他，你不要这样做，这样做不好，它的结果会是什么。他们会不断地强调，你这也不能做，那也不能做。孩子可能当时停止了"违规行为"，但仍然会重蹈覆辙，再次违规。你会发现喜欢简单制止孩子行为的家长，他们的行为基本上都没有什么效果！

为什么会这样呢？因为一件事情能做或者不能做，都是大人的思考和判断，并不是孩子想出来的。比如说，你希望孩子能够乐于分享，把玩具、食品都能分给弟弟妹妹或者其他小朋友，希望孩子大度一点儿，甚至要求他有孔融让梨一样的觉悟。但这些都是你的一厢情愿，是成人的思考模式，不是孩子的，你只是在替孩子思考，而不是在促进他思考。所以，无论你怎样强调应该如何做，孩子还是很难领悟。而你要改变孩子的社交能力，首要的任务就是改变孩子的认知，也就是思维模式。思维改变了，行为自然就会发生变化。

我们来看一个两个孩子争抢玩具的例子。

5岁的豆豆把自己的玩具挖土机借给了4岁的小朋友强强，过了一会儿，豆豆想把自己的玩具拿回来，可这个时候，强强玩得正起劲，不想还给他，结果豆豆怎么做呢？遭到强强的拒绝以后，冲上去一口咬住了强强的胳膊，然后强强开始尖叫，两个人就打了起来。打了一会儿，豆豆抢回了自己的挖土机，强强号啕大哭起来。两个人身上都有牙齿印、脚印，胳膊上还有青一道紫一道的抓痕，弄得两败俱伤。

心理学研究表明，一个人在遭受挫折且找不到解决办法的时候，就会倾向于通过攻击别人来发泄情绪，这叫作"挫折攻击理论"。那些犯罪的人之所以会去攻击别人，可能就是因为他们是生活中的失败者，当他觉得自己失败，又不知道怎么去改变的时候，就容易伤害别人。如果孩子遇到"挫折"就习惯于去攻击，即便是没有攻击行为，在想不到解决办法的情况下，他也会变得痛苦、难过甚至抑郁。如果不去改变，孩子就会重复这种自动化的思维过程，也就无法很好地适应社会。

下面我们来看看，平常我们是怎么处理孩子的冲突的。发现两个小朋友打架以后，爸爸可能会说："你要懂得分享，要让着弟弟，让着妹妹，因为他们比你小！"这就是在代替孩子思考，这不是孩子的逻辑。

以前面的案例为例，妈妈发现豆豆和强强发生了冲突，就问："豆豆，你又和强强打架了？"

豆豆说："强强拿了我的玩具不给我！"

"你和强强一起玩不好吗，你们可以轮流玩啊！"

"但是挖土机是我的！"

妈妈说："你的有什么关系，你要学会和朋友分享，知道吗？如果你不分享，就没有人和你玩了。"

但豆豆还是说："但是，挖土机是我的。"

妈妈继续说："但是你不能抢，更不能打架。你看强强都哭了！"

"是他先拿我东西的！"豆豆满脸怨气地说。

"快去和强强说对不起。"

首先，这些话背后的逻辑是什么？妈妈说："但是你不能抢，更不能打架。"这句话是谁说出来的？是妈妈说出来的，不是孩子自己说的，也不是他的思考。所以，只是妈妈觉得打架、抢东西不好，但孩子实际上并不知道打架和抢东西为什么不好。

其次，妈妈的理由是："你看强强都哭了！"这就意味着，只要强强哭了，你就应该把东西给他，那哭是不是一种武器，或者如果他没哭就应该不给呢？妈妈让孩子道歉的理由是不清晰的，孩子想来想去，可能还是不明白为什么我应该这样做。

我们再来看看另一种做法。

妈妈说："豆豆，你怎么又和强强抢玩具了？"

豆豆说："强强拿了我的挖土机，玩具是我的。"

妈妈说："你让强强玩一会儿，可以吗？"

"可他都玩好久了！"

我们来分析一下，孩子并不是没有分享，只是他分享以后，不知道怎样去把玩具拿回来。

这个时候妈妈就说："你去抢玩具、咬强强，你觉得他会怎么想？"这句话很关键，一定要引导孩子对事情的结果进行思考。

豆豆就说："他会生气，但玩具是我的！"所以，这个时候一定要引导孩子把话说出来，特别是引导孩子说出对方的感受，要去考虑别人是怎么想的。

妈妈继续说："你在抢玩具的时候，强强在做什么？"

"他也打我！"

"那你觉得怎么样？"

"我也很生气。"

妈妈说："你看，这样你们两个人都不开心。你可以想一个办法，让两个人都不生气，然后去拿回玩具。"当妈妈这样说的时候，一定要坚持让孩子说出答案，这就是儿童对社交问题的思考。

然后豆豆就说："我好好说，让他给我。"

妈妈说："这是一种方法，但是他可能说什么？"

他可能说："不给我。"

妈妈说："好的，你再想一个办法。"注意这个时候如果孩子说不知道的话，你可以给他提示和建议。

接下来豆豆就说："我可以让他玩我的小恐龙。"

妈妈说："真棒，你已经想出两个办法了。"注意这句话，妈妈夸的"真棒"，不是夸他想出来的某个办法，而是夸豆豆已经想出两个办法了，这就是在鼓励他思考。这样的对话方式就比前面的要好很多。

所以**我们要教孩子如何思考，而不是教他思考什么**。前面的对话主动权基本上都交给了孩子，所有的答案都是他自己想出来的，而不是你告诉他的。当孩子想出一些办法并去实践，而且得到结果反馈的时候，他会获得很大的成就感。大量的研究表明，在孩子三四岁的时候，如果你能够让他学会正确的社交方法，那么就可以帮助他提高面对困难时抵抗挫折的能力。即使困难没有完全解决，他也可以用正确的方式去面对。这种能力是心理学里非常重要的一种能力，叫作心理弹性⊖。一个拥有高心理弹性的人，在遇到生活的巨大挫折时，他会比一般人更容易接受，也会比一般人更难患上心理疾病。

如果在孩子童年的时候，你不去刻意训练孩子正确的思考方式，他可能很难领悟到这些道理，也就可能在遇到挫折和困难时显得更加脆弱和激动。

所以遇到孩子社交问题的时候，首先你不能着急，应该先帮助他养成积极思考的习惯，然后让他成为一个能够独立思考的人。当他找到了解决方法，他还会生气、焦虑、无助吗？

针对孩子的社交能力，美国有一种通过思考训练和行为模仿来提高社交能力的专门训练法，在中国我们称为"儿童认知行为社交训练"，简称CBST。这种方法从孩子的语言到行为再到思维方式，都会给出系统的

⊖ 心理弹性（resilience）：主体对外界变化了的环境的心理及行为上的反应状态。该状态是一种动态形式，有其伸缩空间，它随着环境变化而变化，并在变化中达到对环境的动态调控和适应。

训练方法和执行步骤。后面会向家长介绍如何通过改变孩子的认知模式来改善他的行为，从而提高他的社交水平，让他成为一个拥有高社交能力的孩子。

CBST 儿童社交训练的五个维度

每位家长都希望自己的孩子具有高社交能力，因为这样的孩子，在家里，家长能够和他讲得通道理；在外面，他与同学交往时游刃有余；面对挫折，他也有很高的心理复原能力（心理弹性）。这样的孩子，谁不喜欢呢？其实真的不用羡慕别人，高社交能力是可以通过系统训练培养出来的。

但是，想要让孩子的社交能力得到提高，家长必须以身作则，因为没有哪个孩子可以在简单粗暴的家庭里成为社交高手。

具体用什么方法呢？我在前面提过一种在中国叫作 CBST 儿童认知行为的社交训练方法，这套理论体系源于心理学泰斗贝克的认知行为理论，经过美国发展心理学家默娜·舒尔等人的发展，再经由我们托德学院儿童心理专家的再次改造，形成了一套儿童社交训练模式。**它的核心思想就是：再想一个新的办法**！从这句话可以看出，这种训练模式代表了一种积极乐观的处世方式：遇到问题，再想一个新的办法！

你有没有观察过你身边那些善于社交、有能力、容易成功、有领袖气质的人，他们经常会怎么说？"没关系，我能搞定。我们会有办法的，这难不倒我们。"而那些社交能力比较差的人，他们会怎么说呢？"怎么办啊？你到底要我怎样？那我就没办法啦！"

其实人生的悲哀不是现状不佳，或者是天生弱小，而是明明有机会却不去想办法，不敢改变。CBST 模式就是要从小培养孩子一种积极乐观地面对问题想方法的人生态度，这也可以训练孩子的高情商。那么，真正高

情商的孩子是什么样子的？

我小时候，有一件事情让我印象特别深刻。记得我们班有个同学叫杨杨，在我小学二年级的时候，我和杨杨一起去电子游戏厅打游戏。那个时候杨杨家里比较困难，我其实也没有多少钱，于是我就带了五毛钱去打游戏。那时候的游戏币是两毛五一个，所以我只能买两个。杨杨没有钱，但是他也想去看一看，于是他就跟我说："你带了多少钱？"我说："我带了五毛钱，只能买两个币。"杨杨说："那你借我一个吧。"我说："不行，我只有两个币，我自己还要玩呢！"

他遇到了挫折，但他没有跟我发生冲突，也没有放弃。一个孩子遇到挫折的时候，那种低社交能力的人容易出现两种做法。第一种就是："算了，不借就不借，有什么了不起的！"第二种就是强行去抢。但是他怎么说呢，他说："我只借你一个，下次玩的时候还给你可以吗？"但我还是说："我说过了不行。"

第二次受到挫折，他还没有放弃。他想了一下又说："你有两个币，准备玩什么游戏呢？"我就告诉他我想玩"街头霸王"。然后他就说："你知道我想玩什么吗？"我说："你想玩什么？"他说："我要玩能中奖的游戏。这样，如果我中了奖，我分一半给你，你可以玩一个星期的街头霸王。"我说："那要是你没中怎么办？"

"如果没有中，我下次依然还你一个币，怎么样？"

我想，这样我也没有吃亏，成交！后来他投入一个币以后，真的中了50个游戏币的特等奖，他也非常守信地给了我25个币。我当时的心情不亚于中了一个几百万的彩票大奖。我想这就是我人生当中第一笔成功的投资吧。

更有意思的是，后来杨杨因为家庭经济困难，没有读大学，很早就进入社会开始工作。他只有高中文化，但是他凭借很强的社交能力，成了一个小有成就的老板，现在已经开了好几家连锁店，而更令我惊奇的是，他没有受太多正规的教育，但是他把孩子教养得非常好。每次我们同学聚会吃饭的时候，他都把孩子带在身边，然后我就发现其他的小朋友都在吵闹，不讲规矩，而他的孩子总是安安静静地坐在桌子旁边，认认真真地吃饭，然后跟大人打交道也非常有礼貌。所以，社交能力受家庭的影响很大。

我有时候在思考，他的社交能力为什么会这么强呢？后来，我就发现他的家庭是我们这里为数不多的二孩家庭。他还有一个哥哥，他们之间肯定发生过矛盾，但是他的父母会倾向于让孩子们自己去解决矛盾，不过度干预。正是因为有这样的社交环境，他的社交能力才得到了飞速提高。现在的二孩父母应该感到庆幸，你们虽然有的时候因为养两个孩子而感到苦恼，孩子之间也会有一些冲突，但是两个孩子的确有利于孩子社交能力的培养。但如果你们确实在养育孩子上遇到了问题，该怎么办呢？核心就是要给孩子多种选择机会，如果他知道有别的办法，就不会产生冲动的行为。

CBST模式中有五个维度的训练方法可以帮助你解决问题。

第一，知道"是非"观念。 首先要让孩子知道"这个是什么，这个不是什么"。区分"是非"概念的目的是训练分类的能力。分类是人类最基本的认知过程。如果孩子从小就善于分类，他们的逻辑思维能力也会很强。

第二，让孩子学会"选择"。 "我要这个还是要那个？"目的是让他知道，解决问题的方法有很多种，不要立刻接受脑子里蹦出来的第一个冲动的想法，做决定要学会三思。

第三，了解事情的先后顺序。 "是之前发生的还是之后发生的？"目的是让孩子知道事物之间存在先后顺序，而先后顺序其实暗藏了某些事情的因果联系。孩子在日常生活中习惯了"之前""之后"的表达，就会更加有时间先后的意识，可以更好地遵循规则，懂得轮流的概念。

第四，知道相同和不同。 "这两个东西是一样的还是不一样的？"这两个词可以帮助孩子意识到，不同的人对同一件事情可以有不一样的感

受,相同的问题可以使用不同的方法来解决。

第五,知道部分和整体。"我是要一部分还是全部都要?"这可以让孩子理解两个问题。第一,解决问题的方法,可能在某些时候管用,但并非在任何时间都管用;第二,每个人都是不同的,意识到人有多样性,从而学会换位思考。

这五个维度的训练方法是非常科学而循序渐进的。在这里,我先展示其中两种训练方式。

第一种训练:训练"是非"。

前面讲的这部分内容,适合年龄小的孩子,最早可以从孩子两岁就开始。平常,你们要经常跟孩子这样对话,比如,你的孩子叫明明,你要说:"明明是什么?明明是宝宝。"然后你可以问他:"明明是什么?"等他说出:"明明是宝宝,"然后你继续示范:"那么,明明不是什么?明明不是小狗。"这时,你就要问他:"明明不是什么?"等他说出:"明明不是小狗。"当他熟练以后,你就可以继续问孩子:"明明还不是什么啊?"他可能会说:"明明不是小汽车。"

当他可以很好地判断自己以后,你就转变为说他身边的人。如果他的妹妹叫婷婷,你就问他:"婷婷是什么?"等他说出:"婷婷是妹妹。"然后你问:"那婷婷不是什么?"他可能会说:"婷婷不是小虫子。"你们不断地做类似的练习。

再深入一步,转到孩子对行为的判断。你可以教孩子:"小车是用来推的,妹妹不是用来推的。"你可以问孩子:"什么是用来推的啊?"等他说出"小车"后问:"什么不是用来推的啊?"等他说出"妹妹"。

当然,孩子说出一些发散性的答案,也是需要鼓励的,比如"门是用来推的,妈妈不是用来推的"。等到下次,孩子因为和妹妹抢玩具而推妹妹的时候,你就可以马上问这个问题,什么是用来推的,什么不是用来推的。这时候孩子脑子里就会自动浮现出平常训练的内容，从而知道自己应该怎么做了。

第二种训练："选择性游戏"。

具体怎么来做呢？

比如说："今天我们是要买苹果还是橘子？"你可以问问孩子，然后让他回答。如果他没有回答你，就可以告诉他，今天我们买苹果，然后你继续问刚才的问题，直到孩子说出答案。熟练以后，你就可以层层递进。比如说，孩子要买自己想要的东西，你就要给他选择，说："你要买小汽车还是小恐龙？"你看他会选择什么。如果他说："我都要！"你要看着他的眼睛，认认真真的，温柔而坚定地说："你是想买小汽车还是小恐龙？只能要一个。"如果他还在继续吵闹，我们就回到第一种"是非"判断的模式："你是想要小汽车，还是不要小汽车？"语气一定要坚定，但是不要吼，等待他的回答。如果他的答案是肯定的，那就代表他选择了小汽车。

因为这种模式是他平常经常训练的，当你问出是不是的时候，他就会条件反射地说："我想要小汽车。"这种训练方式能够抑制孩子的冲动情绪，他即使发脾气也会很快平静下来，因为他进入了训练过的舒适的对话模式。

当然，我举的例子中都是最基础的方法和最简单的社交情境，如果你需要学习完整系统的内容，可以关注微信公众号"托德老师"，加入CBST儿童社交训练营，我们会带你演练50种以上的儿童社交问题情境，并且讨论每一种情境的解决方案。当你掌握了儿童社交训练的基本原理，并且练习了每一种情境，再遇到儿童社交场景，你就能做到从容不迫、胸有成竹了。很多在训练营毕业的家长都会跟我说："不光是孩子的社交能力提高了，连我自己在和爱人甚至单位同事的对话过程中，都更有技巧、更懂得如何聊天了。"我说："一点儿也不奇怪，其实儿童的社交训练和成人社交能力的提高途径是一样的。"

如何预防孩子遭遇性骚扰[一]

在网上，我们经常可以看到儿童遭遇性骚扰的国内外新闻，这让很多家长意识到，如何让自己的孩子尤其是女孩预防被猥亵，是一个至关重要但又很棘手的问题。

在自媒体愈加发达，各类信息狂轰滥炸的当下，手机上的各种分析解惑的文章层出不穷、眼花缭乱。那有没有更简要凝练的策略，让家长们了解怎样才能预防自己的孩子被性骚扰呢？有！去粗取精，可以提炼出两个词："增能"和"赋权"！

增能（reinforcement）：指的是不断提升自己，让自己的认知水平不断提升，同时应付实际生活危机的能力也得以增长。

赋权（empowerment）：其实就是增能的一部分，让自己在增能的同时，意识到自己是有基本人权的独立个体，与任何人都保持有一定界限的和睦关系。不管是他人对自己，还是自己对他人，为所当为、不越线。

增能和赋权，两者相辅相成，很多时候合二为一。具体要如何增能和赋权，我个人觉得最重要的是要做到如下三点。

1. 从小培养孩子的界限意识

太多的家长没有意识到，让孩子从小有自己的专属物品，尽量与他人的物品"不混用"，与防止性骚扰紧密相关。这里的"他人"，包括父母在内。这里的"专属物品"包括牙刷、水杯、餐具、食物、衣物，乃至专属空间（自己的房间）等。

比如，你从小就要让孩子养成一种意识和习惯：在非特殊的情况下，孩子自己喝水和漱口的水杯只能自己用，他人不能用；吃饭有专属于自己的勺子和碗；孩子在外面时，自己选购的饮料，他人不能对着吸管喝；他

[一] 本节引自陈欢的"如何防止儿童遭遇性骚扰"一文。

人使用的东西，自己也不去用；他人吃过的东西自己不再吃；而且不与他人混穿衣服、鞋子；在家有自己摆放个人用品的空间；自己的房间没有经过自己允许，包括父母在内的任何他人不能进入；如果自己在房间内，父母进去需要敲门……

某些小时候过惯了穷日子，从小习惯了大家族"共享"的家长，即便在现在物质普遍丰富的年代，依然短期内意识不到这样做其背后蕴含的道理。他们不但无法容忍孩子从小表现出的一些本能的物权和领地意识，还会对其道德谴责，说这是"自私"。殊不知，只有孩子从小形成清晰的界限意识和个人权益意识，他才会非常自然地对界限不明的行为变得敏感，更不用说别人随意触碰他的身体了。很多孩子甚至会对如何防止性骚扰无师自通，无须家长亡羊补牢似地灌输性教育知识。

注意，培养孩子的界限意识，并不是要家长神经质般地过分敏感，连爱抚和亲吻自己孩子脸蛋等行为都觉得不妥。要知道，来自熟悉的养育者和亲人的温柔对待和爱抚，可以大大提升孩子的安全感，让其从小对爱不匮乏。

2. 培养孩子一定的延迟满足能力

延迟满足指的是我可以等待，暂时放弃当下的满足，我相信我的忍耐会换来未来更好的结果。孩子在某些时候能够做到延迟满足，其实背后蕴含了一个非常关键的要素，即对未来持积极的态度——相信会有更好的结果到来！正是因为有这样的一个积极信念，孩子才会在等待中表现出忍耐力、自控力。

而孩子之所以持有这份积极信念，是因为从小不缺安全感和信任感。当孩子害怕打针时，父母说会陪在他身边，父母果然一直在陪伴；当孩子第一次晚上独自睡觉时，父母说我会陪着你讲故事，果然一直陪着他直到入睡；当孩子努力克服自己的害怕，终于迈出了改变的第一步时，父母答应送他喜爱的玩具，并且兑现了；当孩子觉得父母某件事做错了，父母不是否认和指责，而是坦率承认，并且希望取得孩子谅解等这些点滴，都构建的是孩子的安全感和信任感。但是注意，这也告诉我们，孩子从小的饥饿、口渴、困乏等基本需求的满足，是需要被理解接纳和即时满足的，而不应该不加区分地一律延迟满足。

当孩子有这样的延迟满足能力时，自然不会对猥亵者的诱饵吸引，也自然不会落入性骚扰的圈套。这绝不是赞同民间那句"男孩要穷养，女孩要富养"，那句话其实是简单粗暴的不合理教条。事实上，无论是男孩还是女孩，都不应该过度穷养，也不应过度富养，而是在基本需要和合理需求得以满足的情况下，自己学会思考、自己懂得选择和做决定。

眼前这个棉花糖虽然好吃，但是我选择忍一忍，因为我相信待会儿会有更多；眼前这个游乐设施好玩，但我选择先忍一忍，去玩其他，因为我相信待会儿人少的时候再去玩，玩的时间会更久；眼前的这个练习很枯燥，但我忍一忍，我相信之后我会有精彩的表现……小时候是这样。

成年之后，眼前这个价格诱人，但我忍一忍，再逛一会儿，我相信会遇到我更喜欢、价格更合适的衣服；眼前这个追求我的男生看上去还不错，但我先不急于答应，看看他为人到底怎么样再说……如果忍耐之后的结果并没有预期的好，甚至一场空怎么办？虽然会暂时不高兴，但是因为从小内心没有巨大的缺失，所以不会把这些"失去"看作是需要捶胸顿足的"巨大遗憾"；因为对未来持积极的信念，所以相信未来有更好的结果等着我。

延迟满足能力不仅能预防女孩遭遇性侵，还能让一个成年女性内心更骄傲、眼光更高、更懂得选择。因为孩子从小就习惯自己做选择，内心对自己到底需要什么很清楚，所以不会轻易对任何男生的追求都心花怒放，会规避很多遇到渣男的风险；因为孩子从小不缺爱、不缺安全感和信任感，所以坚信自己是受欢迎的、是值得爱的，不会对别人的追求诚惶诚恐，因为内心从来没怀疑过自己会无人爱，自己只会在爱自己的那一堆人中，挑一个自己也看得上的。

现实中很多家长的做法正好相反，不但无法让孩子在适当的时候延迟满足，反而生怕孩子会"吃眼前亏"。怕孩子吃亏，在中国家长中普遍存在。甚至很多家长在孩子1岁多时，就对孩子与其他玩伴之间此争彼让的自然表现过度紧张和过度解读。其实质投射出来的是家长自己内心的深度焦虑和安全感缺失，所以才会得出"孩子谦让＝太懦弱、逆来顺受""现在不争抢＝以后会吃亏"的灾难性推导。

买个手机可以送一个抱枕，轮到我时没赠品了。当我一个月只能赚1 000元时，我会觉得我没得到这个抱枕"吃亏了"；当我自己一个月可以挣10 000元时，是否得到抱枕我觉得无所谓，不觉得自己"吃亏了"。判断是不是吃亏，关键是看你是否在乎没有得到的东西。只有特别在乎，才会有"吃亏"的感觉，而要做到不在乎，不仅仅是物质上的满足，更多的是精神上的富足。

所以，家长不是教孩子不吃亏，而是让孩子自己判断，什么是"吃亏"，什么不是"吃亏"？什么"亏"可以吃，可以不在乎，什么"亏"不能吃，要争取？家长应该让孩子养成有所在乎、有所不在乎的能力，而不是寸土不让、锱铢必争，事事都在乎！这就是我们所说的"增能""赋权"，让孩子从小学会自己思考、自己做选择。做到这样，才是善莫大焉。

3. 去道德化

很多家长会陷入一个误区，觉得要防止孩子遭遇性骚扰，就应该从小增强他们的道德意识。恰恰相反，预防孩子遭遇性骚扰，反而应该去道德化，不要以后天构建的成人视角，处处对孩子的行为做道德评判和谴责。

羞耻心这个武器很好用，以至于很多家长会滥用，千方百计让孩子有

羞耻心，觉得只要孩子对自己有羞耻心，就是一次成功的施教。如同之前所说，有的家长会因为孩子不太情愿父母用自己喝过的吸管来喝自己手里的饮料，而轻易给孩子贴上"自私"的道德标签。那当孩子未来遇到不想戴避孕套的渣男对自己的拒绝说"自私"时，也会觉得确实是自己的错，于是乖乖就范。

又比如，研究发现，2岁左右的幼儿，无论男女，都有可能"手淫"，即触碰自己的生殖器，以感觉舒服为唯一目的。家长其实无须以成年人的视角过度解读、上纲上线，只需把他的手拿开，心平气和、语气沉稳地告诉孩子这样不好、不卫生即可。

把"自私""下流""不要脸"这些话说出来太容易了，但是它造成的负面影响却可能一辈子都无法消除。当家长每多施加一次道德谴责，孩子每多感受一次羞辱，他的积极自我概念的构建也会又少一分，直到荡然无存。当孩子自己对自己的认识是负面的，他此生都觉得自己不配当"好人"、交"好"朋友、过"好"生活，那他最终就会变成你最厌恶的那一类人。

做到以上三方面，你就是在给孩子增能、赋权。你的孩子就会形成更积极的自我概念，牛鬼蛇神也自然会因为你孩子散发出来的"气场"而不敢靠近。让孩子改变，家长首先要改变，从什么时候开始？越快越好！

如何面对大宝对二宝的嫉妒

为了了解二孩或多孩家庭中孩子们之间的交往，我对超过20个二孩家庭做了详细的访谈，从他们那里得知了很多真实的育儿困惑和成功的经验。

我发现对于每个二孩家庭的父母来说，都没有办法逃避孩子之间的这三座大山：**嫉妒、分歧和冲突**。这三个问题是层层递进的，首先因为嫉妒、争宠产生了分歧和矛盾，当矛盾难以调和的时候，就会上升为冲突。

我们先来攻克"嫉妒"这第一座大山，重点是大宝对二宝的嫉妒。

在有两个宝宝之前，我们多么希望两个孩子能够相亲相爱、和睦相处，多么希望家里每天都是阳光明媚、和谐美满的啊！但当我们真的成为二孩父母以后却发现，孩子间争风吃醋、嫉妒、争夺妈妈的行为时时存在，孩子间的争吵、抢夺、尖叫、哭喊变成了生活的常态。这不禁让我们开始"怀疑人生"，难道是我带娃的能力有问题？所以，我们非常迫切地想学一些绝招，希望从此能够消除嫉妒，让他们真的能够和平相处。

而家里只要一出现"嫉妒"，很多父母的表现是完全不接受！他们会想尽办法，苦口婆心地教育老大："你不应该吃妹妹的醋啊！""你是大孩子了，要有大孩子的样子。""你小时候妈妈不也是这样带你的吗，你不记得了？"但他们也同时发现，几乎没什么用。

为什么？因为"嫉妒"就是人性，只要有情感的竞争，就会有嫉妒存在。这种竞争的警觉在大宝发现妈妈决定要二宝的那一刻就开始了。我不知道在二宝出生之前，你们有没有征求过大宝的意见，他会怎么说呢？

为什么大部分的大宝对生二宝这个问题多多少少都有一点儿抗拒呢？因为每个大宝在他的弟弟妹妹出生以后，都会感受到一种强烈的"同辈压力"。他们会觉得，弟弟妹妹没出生之前，一切都是好好的，但是他们出生以后，很多事都变了。妈妈没那么多精力照顾我、亲我、抱我了，自己受到的关注好像也少了。他们对这种情感的细微变化是很警觉的，因为他们特别害怕爸爸妈妈会因小宝宝的出生变得不再爱自己。这种"同辈压力"是孩子们自我评价的重要来源，而这种压力又是他们没办法承受的，所以唯一能做的就是奋力抗争，维护自己被爱的权利。

只要是心智正常的孩子都会嫉妒，这根本无法消除！所以，你越努力地找方法，就会变得越痛苦，因为你的方向就是错的。

在一次访谈中，有一位妈妈对我说，她家三岁半的大女儿在没有妹妹的时候，其实已经比较独立了，爸爸、爷爷奶奶都可以单独带。有时候，甚至可以很长时间不用妈妈来看。但是，自从自己怀了二宝以后，大宝就变得特别黏人，时时刻刻都想和她在一起。妹妹出生以后，大宝竟然开始尿床、尿裤子。而且，早就不喝奶的她竟然吵着要喝妈妈的奶。这位妈妈觉得很奇怪，采取了很多批评教育的手段，一点儿都不管用，孩子反而更加不安。

我告诉这位妈妈，心理学里把这种现象称之为"退行"，就是一个人的行为倒退到小时候的样子。孩子对情感变化是非常敏感的，当她发现和妈妈的关系不跟从前一样的时候，就会产生一种对过去温存的怀念感。她这种"退行"往往是不自觉的，大宝并不是故意尿床，或者是真的想吃奶，而只是她很羡慕小宝宝与妈妈那般亲密的关系，从而会不知不觉地想起自己和妈妈亲密时候的感觉。她也会开始无意识地去模仿小宝宝的行为，因为她觉得，这样和妈妈的关系就可以回到从前了。所以你千万不要去怪她，因为她也不想这样，但就是控制不住！

然而，妈妈们在面对这种情况时，经常会有一种矛盾的心理。有时候可能会很内疚，觉得因为有了二宝就忽略了对大宝的关心，但如果大宝总是黏着自己，或者把弟弟妹妹推倒、弄哭，她们又会变得很恼火，对大宝发脾气："我都这么累了，你还在这里添乱！""你怎么搞的，怎么又欺负弟弟（妹妹）啊？"

父母有时候确实会因为精力不够，没有办法把两个宝宝都照顾得那么周到，这时候该怎么办呢？

想要改善心理层面的问题，就必须从心理建设开始。

首先，我们应该接受大宝的这种"嫉妒"情绪，并且做好这种情绪会长期存在的心理准备。 你并不需要跟孩子解释很多，或者说生一个小弟弟、小妹妹其实也是为了你。你只需要在他们发出"嫉妒"信号的时候，非常坦诚地告诉你家大宝："宝宝，我知道这段时间因为小宝的出生，妈妈陪你更少了，我也知道你心里会有些委屈，感谢你的宽容，要知道爸爸妈妈一直都是爱你的！"不要期望你说一次马上就会有效果，但至少你的语气能让孩子感到你是站在他的角度去思考的，他们也会从你的思维中慢慢学会体谅父母。

千万不能让孩子背上道德压力，指责、批评他们的嫉妒行为，让他们认为自己嫉妒二宝就是"不乖"，就是"坏孩子"，这样做反而是在拉仇恨，大宝会进行新一轮的反抗，而且会把矛头指向二宝，认为这都是她造成的。所以，你才会听到很多孩子说："你把妹妹送走好不好？我们养不起她了！"

而如果你说："有时候，你不喜欢妹妹是正常的，特别正常！世界上所有的哥哥都有过你这样的感受。但是你不会一直不喜欢她，当你们在一起玩的时候，我相信你也是很喜欢妹妹、很关心她的。有时候，她也很可爱对不对？"这样说反而会给他们树立一个正面的老大形象，让他们不知不觉产生一种责任感，即使嫉妒感仍然存在，他们也能感觉到自己是被理解的！

其次，我们不需要过于追求大宝和二宝间的平衡，所有东西都一人一半，包括时间也是。我们的精力有限，这是很难做到的，做不到反而会让自己内疚，但是你可以对大宝的嫉妒做心理建设。比如说，随手把他抱起来，亲亲他，这不需要太长的时间。二孩父母的时间真的非常不够用，但是你可以增加亲密的频次，给大宝一些专属的特权，比如说睡前单独给他讲20分钟的故事。如果你没有精力把两个孩子分开，你也可以让两个孩子一起听，但是你要不断地强调，这个故事是为大宝而讲的。

如果你计划再长远一些，可以在二宝出生以前，就开始给大宝讲一些多子女背景的故事绘本，比如说《我想有个弟弟》《等待我们家的小宝宝》等童书，提前建立大宝对弟弟妹妹的期待。你生二宝的时候，让大宝尽量

参与到二宝的诞生过程中,让他也一起帮忙,哪怕是和家人一起,也可以不让他把"弟弟妹妹出生"和"我被迫离开"联系在一起。我采访的妈妈里,有几位都说其实月子里有大宝的陪伴反而会是一种安慰,他会成为自己的心理按摩师。

在二宝出生的头一年,做好大宝的安全感建设,也就是要在这一年里更加关心大宝,尽量不让他觉得二宝的出生会带来那种冰火两重天的变化。当他们觉得安全以后,那些"嫉妒"的火焰也会慢慢地转化为对多子女家庭的适应。

最后,聪明的妈妈都是懂得放手的,那些焦虑辛苦的妈妈总是不放心别人做事,这看不惯,那也看不惯,甚至看不惯自己的爱人。有的妈妈跟我说:"我家孩子都不让爸爸陪!"但是你想没想过,主要是你没给你爱人机会,没有哪个孩子会真的抗拒爸爸的。放弃你那些完美的育儿想法,你觉得精力不足、心力交瘁的时候,大胆地把孩子交给爸爸,或者是爷爷奶奶、外公外婆。暂时的放手是为了更好地照顾自己,只有自己的状态好了,才能更好地面对孩子。

总结

面对孩子之间的"嫉妒",理解和接纳是真正的解脱之道。用你的实际行动去理解大宝,也会让孩子模仿你的行为,从而接受家庭中这位新的成员。作为父母,不断地强调你对大宝的爱,给他一些小特权,等孩子更大了,懂得适时放手,让他们自己来适应新的环境。但即使这样,吃醋、争宠、不愉快依然会继续存在,与其抗拒,倒不如好好感受,毕竟这是我们家庭中某个阶段的一道独特风景,以后回忆起来也许会更加难忘。

记住,接纳才是面对孩子们的嫉妒时最好的良药!

两个宝宝抢资源怎么办

上一节中，我给大家讲解了如何面对大宝对二宝的嫉妒。嫉妒只是埋藏在内心的一种情感，也就是争夺爱。爱是无形的，可能宝宝只能抱怨一下，没有直接上升到行为。但如果生活中出现了实实在在资源的争夺，那嫉妒可能就会升级为直接的冲突了！

有位妈妈告诉我，哥哥4岁，弟弟只有1岁半。哥哥总是喜欢什么事情都管着弟弟，弟弟只要一拿什么玩具，哥哥就会抢过来。但有时候，爷爷奶奶会护着更小的，把哥哥的玩具给弟弟。这时候哥哥就不高兴了，各种撒泼打滚，哭得一塌糊涂。这个时候，我们该怎么做呢？

别老盯着问题去看。孩子们不只是会抢玩具、抢零食，在儿童的社会性发展过程中，他们的身体里一定藏着两种相对立的心理倾向。

第一种叫作"亲社会性"，也就是不求回报去分享物品以及帮助他人的行为。比如说，3岁半的玲玲把自己心爱的芭比娃娃给妹妹和邻居的孩子玩。而这种行为完全是出于自愿的，没有大人指使的。

另外一种倾向叫作"攻击性"，而这种攻击是以"利己"为目的。2岁半～5岁期间，孩子们经常会因为抢玩具和争夺领地来攻击自己的同胞和伙伴。但是，这种倾向也是一种能力的表现，有攻击性的孩子往往是更强的。有研究表明，出现某种程度的攻击性行为是儿童社会性发展的必要阶段。也就是说，孩子对资源的抢夺其实也是有意义的！

所以，**面对两个孩子争夺资源的情况，核心并不只是"出面调停"他们每一次的争执。从长远来看，我们需要平衡孩子们内心中"有爱的一面"和"自私的一面"出现的比例和场合，让更多亲社会行为出现在家庭中，同时也要允许他们的攻击性在一段时间里存在。**

具体怎么平衡呢？有两套思路，一种是解决当前问题的方法，而另外一种是长远的思路。

对于当前问题的解决方法，第一点就是先把问题交给孩子们自己解决，看看他们会怎么去处理。

一般来说，特别是老人在的时候，一般是更弱的那一方会哭得更厉害。因为他们是在用哭声来表达，希望大人们来帮助自己要回那些被抢走的玩具。但如果你每次都是采用帮助小宝的办法，会造成两个结果。第一个结果就是小宝会产生依赖感，当他每次在冲突中处于劣势，就会用哭声向大人求助，而不是自己想办法解决问题。第二个结果就是，大宝会理所当然认为谁力量大谁就可以抢到玩具，大人是因为力气大才抢走玩具的。这实际上是强化孩子去凭借力量来抢夺的行为。所以，你可以先看看，在抢夺发生以后，孩子们自己会怎么做。有很多妈妈跟我说，有时候大宝在看到小宝哭得很伤心的时候，也会产生同情心，最终还是会分享一部分玩具给弟弟妹妹。

而如果大宝还是不愿意分享的话，我们再采用第二招：交流法。"宝贝，妈妈知道这个玩具是你的，借不借给弟弟你来决定，我们不会抢的。但是，弟弟的新玩具以后你也不可以抢，你要玩也要经过他的同意噢！"这样是在尊重哥哥的物权，同样也是在划清界限，弟弟的物权同样不可侵犯。你可以让两个孩子都拥有自己的玩具箱，写上名字。如果哥哥要玩，需要用交换的方式来换，只要是弟弟同意的，无论交易是否公平，家长都不能干涉。

除非哪一次冲突特别激烈，严重扰乱了整个家里的秩序，我们这个时候就需要把两个孩子隔离开来，先等情绪完全平复以后，再把孩子们放在一起，但一定要商量出问题的解决方案，哪怕是暂时的，也要对这次的事情有一个了结："看起来你们俩都很生气啊！哥哥想玩弟弟的飞机，弟弟不舍得，还真是很麻烦啊！我相信你们可以商量出一个大家都满意的方法"。记住不要去评价谁对谁错，而是让他们去设想以后再有类似的情况怎么处理！我们之前说过的CBST模式在这里就可以起到作用了，关键就是"除了抢、哭,还有没有更好的方案和选择?"

长远的思路就是要不断培养孩子们的"亲社会性"。我总结了世界上最有影响力的 79 项研究发现,早在儿童两岁之前,他们的"亲社会性"就开始萌发了,他们会很乐意帮助爸爸妈妈,也会把东西分享给其他孩子,甚至他们还会安慰别人。直到青春期,他们的这种利他精神会不断增加。如果能培养出那种有"亲社会性"人格的儿童,他们的这种品质将会伴随一生。这也意味着,你培养了一个很有分享精神的孩子。家里的那些争夺、冲突行为,将会转化为一次次的分享和奉献。

那具体应该怎么做呢?

三个诀窍:榜样、共情和自然强化。家庭中的榜样力量对孩子的"亲社会"行为的培养非常重要,可以说是排名第一的因素。作为父母,你要在生活中把你的分享、帮助、慷慨行为,毫不吝啬地展示在他们的面前。比如说,爸爸帮助妈妈拿东西、做家务。这个时候,你不光要去做,而且要大张旗鼓地说给孩子听,并且做给他们看!"爸爸要帮助妈妈晒衣服咯,宝宝们要不要一起啊?"只要他们觉得这件事情很好玩,他们也会跑过来凑热闹。这时候,你就不要讲究晒衣服的效率了,这是个教育的机会,所以可以让他们也参与进来,哪怕有点帮倒忙也没关系。多给他们讲关于合作、分享、同情、慷慨的故事,这都有助于他们学会具体的助人和分享行为。

第二个诀窍是要培养他们的"共情"能力,也就是同理心。这个方法经常会用在他们犯错误的时候。比如说,有一天,你的孩子偷偷地拿了商店老板的糖果,这个时候你会怎么办?是打他一顿,然后说:你怎么学会偷东西啦?你是个坏孩子。另外一种方案就是不批评他,而是慢慢地跟他用有点忧伤的表情说:"宝贝,商店的老板可能会因为你的犯错而受到伤害哦!他会非常难过的!"你可以反复向孩子确认商店老板的感受会怎么样,让他也产生同情心。然后,你就可以带着他把东西还回去了。这其实就是一种培养思考方式的"教育实验"。

最后一个诀窍，就是要经常利用"自然情境"来强化孩子们的亲社会行为。如果每当孩子开始分享的时候，你就奖励他一个玩具，这反而会让他们觉得我的慷慨和分享是有目的的，这种奖励是表浅的，而真正把"亲社会行为"稳固在孩子骨子里的奖励，一定是自然强化的结果。也就是，当孩子分享以后，就会获得极大的精神鼓励，比如说小宝把葡萄分享给哥哥，结果哥哥给了小宝一个大大的笑容，这就是奖励。你带孩子们到养老院，去送礼物给老人们，老人都是最爱孩子的，所以他们会给予孩子们热烈的赞扬、拥抱和亲吻。这就是用事情的结果来奖励行为。

如果你长期坚持这三种培养方式，那就很有可能培养出一个"亲社会"人格的宝宝。要注意的一点是：大量的心理学研究表明，过于严苛、控制欲过强、冷漠和有暴力倾向的父母都会降低孩子的"利他精神"，而更难形成"亲社会性"的人格。

总结

> 要搞定两个孩子抢玩具、争夺资源的问题，从短期来看应该把主动权交给孩子们，让他们主动讨论出解决的方案；而从长期来说，就是培养他们的"亲社会能力"，久而久之孩子们将会形成有"利他精神"的人格，以后再面对冲突，他们完全就可以自己解决了。

其实，你们有没有思考过什么叫儿童心理学，用很直白的话来说，就是：在解决问题的时候，别只是为了去阻止行为和结果，而是通过对孩子们思考过程的干预，来改善他们的思维方式，从而产生更好的行为。

如果你能做到这一点，你才有资格成为一名聪明的懒家长，而不是一名救火队员。

第 6 章

父母修炼：养育孩子也是疗愈自己

有数据显示,虐待孩子最多的竟然是妈妈

在我们当下这个环境,整个社会都在谴责"儿童虐待"。如果有新闻曝出保姆虐待孩子的视频,我们肯定都会气愤得咬牙切齿。因为视频那种"场景化"的力量,即使是我看了,也会有一种要打人的冲动。

但是,虐待孩子的主力真的都是家庭以外的人吗?

美国健康与公共事业部从 2004 年开始,每年发布一份大数据调查,(USDHHS,2004)发现超过 80% 的儿童虐待案例实施者其实是孩子的父母,而和父亲相比,通常家庭里的主要施虐者是母亲。在中国,对孩子的虐待,父母就占了 84%。其实施虐人群中,父母所做的已经超过了其他人。

这些数据意味着一个我们不敢相信的事实:虐待孩子最多的人中,排名第一的是妈妈,第二是爸爸。

有的家长可能会觉得诧异,特别是妈妈们。"我一天到晚几乎都是围着孩子转的,我生命的 90% 都给了他们,凭什么说我们是造成儿童被虐待的主要人群?"

其实儿童虐待一共分为四种:身体虐待、忽视虐待、情感虐待和性虐待。

所以,你不要认为对孩子拳打脚踢、打耳光或者在烈日下罚站才叫虐

待。按照中国的统计数据，采用这些方式的虐待加在一起还不到虐待总数的 1/4，其中"身体虐待"大多发生在比较贫困落后的地区。

有 8% 的孩子受到了性虐待，而占比最多的两种虐待方式，其实是那种对孩子的忽视和情感虐待，在所有的儿童虐待方式里占到了 65% 左右，比例非常高。这种虐待方式比较难以被发现，危害性和打孩子却是一样的。

那么，什么叫"忽视虐待"呢？我举个例子。

前段时间，在我们小区附近，一对年轻的夫妇因为吵架直接把两个孩子扔在家里，各自生气出门了。结果一个 4 岁的姐姐和一个 2 岁的弟弟，被关在家里 36 个小时，没有吃一点儿东西，多亏邻居发现有些不正常，两个孩子怎么这么久没出门，才报警把孩子救了出来。这种情况就称之为"忽视虐待"。当然，这是比较极端的例子，也还有一些看起来没那么严重的忽视虐待。

我爱人所在的小学就有这样的孩子。父母离婚了，孩子跟着母亲。后来母亲再婚以后，又生了第二个孩子。孩子基本上没有受到家长的细心照管，每天上学穿的校服脏得像是垃圾堆里捡来的，而且成绩也在班上垫底。父母没有参加过孩子的任何一次家长会或者学校的亲子活动。像这样的案例，即使是孩子的家长从来没有打过他，没有不给他饭吃，也算虐待的一种——"忽视虐待"。

还有的父母不能说不关注孩子，但是为了让他们能够"听话"，不惜采取一些非常极端的方法。比如说，在孩子小的时候，只要他们晚上安静不下来，就会说："你再吵，鬼就会来吃你了！"如果恰巧，孩子看过一些电视当中恐怖的画面，他们可能真的就会受到惊吓。虽然当时孩子可能安静下来了，但是内心却形成了阴影。孩子长大以后，这种恐惧感有可能会转化为某些心理疾病。还有的家长喜欢在孩子犯错的时候，贬低他们："你怎么这么笨啊，你怎么这都不会做啊？"或者是在孩子提出想法和要求的时候，一脸轻蔑地说："你懂什么？"这些都属于情感虐待。

当然，还有一种更加隐蔽的虐待方式，就是孩子虽然在生活上被照顾得很好，也没有人伤害他，但是他的抚养者总是表情冷漠、没有笑容。当孩子情绪失控的时候，父母也不会来安慰，而是让他们的情绪自生自灭。这些都算情感虐待。

千万不要小看这些行为对孩子的影响，已经有大量的权威研究发现，只要孩子受到过身体、情感、忽视或者性虐待当中的一种伤害，他们就有可能会出现学习和语言方面的困难。你会发现他们会比其他的孩子更容易违规，长大了也更容易违法犯罪。

你可能会想，究竟是什么样的父母会去虐待自己的孩子呢？是低收入家庭，还是单亲家庭？其实这个逻辑是错误的，因为很多低收入家庭和单亲家庭对孩子照看得也是很好的。

研究发现，那些虐待自己孩子的父母会表现出两个显著的特点：第一，高度焦虑和抑郁，情绪管理能力极差；第二，自己小时候也是儿童虐待的受害者。

那些有高度焦虑感或者抑郁情绪的父母，如果他们的另一半不是情绪管理的高手，或者他们的爱人也不是安全型依恋的疗愈者，那么他们的婚姻大多是不幸的，他们的家庭氛围可能很容易陷入一种冲突和仇恨的状态中。一般男人的力量更大，在家暴中可能更多地扮演身体攻击者，而当女人改变不了自己另一半的时候，就会产生强烈的从身体上操控孩子的冲动。对于年幼的孩子来说，母亲一般是他们的主要监护人，这就是母亲的虐待行为更多的原因。

曾有一条新闻曝出，有一个年轻的妈妈在网络上直播虐待儿子，掐着自己孩子的脖子对丈夫说："你打我，我就打你儿子。"所以，我经常在课堂上对家长说，教养的关键其实不是孩子，而是怎样让自己成为一个平和、善于管理情绪的人。可以说，你做好了这一点，教育当中一半的问题就都解决了。

但是，一般有虐待儿童行为的父母身上都有着第二个特点：他们自己小时候也被父母以各种形式虐待过。长大以后，他们会面临同样的生活压力和婚姻矛盾，这个时候他们童年的记忆会被唤醒，然后开始重复上一代的恶劣方式。

我曾经在我的治疗中心遇到过一个自我检讨的爸爸，他说："我的女儿已经15岁了，我知道我自己的脾气非常不好，对她不是骂就是打，我知道这样很不好，我希望她以后不要这样对自己的孩子。"我当时就问他："如果女儿学会了你的方式，你怎么保证她能够不继续你的恶行呢？"她这样的命运会一代一代继续传递下去，直到她对自己说，这样的事情必须在我身上结束。

这其实就引出了我们的最后一个问题，**如果我们发现自己做得不够好，怎样才能改变我们自己，不让这种儿童虐待的恶行轮回呢？**

首先，作为家长，你们自己的行为到底有没有那种你没有意识到的虐待行为，如果有，你需要努力地停止这种伤害。如果你觉得自己的脾气不好，很容易忍不住做出伤害孩子的举动，你可以做三个动作。第一，表达自己的情绪："妈妈现在很生气，我需要冷静一下。"第二，自己先迅速离开，尽量避免针锋相对。第三，可以想一下，到底是孩子真的犯了不可饶恕的错误，还是你自己受到童年经历的影响，而不自觉地学习了自己父母的错误方式？反思一下，如果你不改变，你的孩子是不是还得重新遭受你的经历？经过这三步思考，我想你的情绪基本会平静一半。

其次，让孩子不受虐待的最好保护是良好的婚姻。也就是说，你要努力经营好自己的婚姻。但如果你的婚姻实在到了无法挽回的地步，或者已经出现了家庭暴力，就一定要坚决地离开那个恶劣的环境，去寻找新的生活。最危险的情况是，既觉得现在的婚姻非常痛苦和纠结，但又为了孩子而苦苦坚持着不快乐的婚姻。在这种状况下，你的焦虑和悲伤是掩藏不住的，即使你很爱孩子，也同样有可能不自觉地对他造成情感虐待。

最后一点，如果你已经对孩子有过虐待行为了，不要觉得有什么不可挽回的。因为统计显示，有很多受过虐待的孩子会发展出一种非常坚强和不服输的个性，这种个性很有可能会成为一种优势。所以，你必须抛开那些内疚感，在今后的日子里持续地给予孩子更多的关怀、信任和爱。这样，他们的内心才有可能慢慢地被疗愈，让心理重新恢复健康。

其实，我并不只是想要告诉大家儿童虐待有多可怕，我们怎样做好自己，我更想呼吁大家，把书中我讲的这些知识传播出去，告诉每一个仍旧不知所措的家长，或者为那些受虐的孩子寻求更多的法律援助。即使我们每个人的力量都是渺小的，但我相信我们所倡导的"精益父母"不但可以照顾好自己的孩子，更能够把爱传递给全天下仍处于困境中的孩子。这也是作为教育者最希望看到的场景。

父亲角色在女孩成长中的意义

在我做心理咨询的过程中，我发现那些问题青少年里，有 80% 的家庭不是父亲缺位，就是爸爸和孩子的关系极度紧张。这不得不让我有这样的感觉，一个充满问题的家庭里，总有一个不懂如何做父亲的角色在把孩子往坑里推。我们儿童心理学的社群里，85% 的用户是妈妈，而能够来学习的爸爸已经算是父亲里的佼佼者了。但这也意味着一个现状，那就是爸爸在子女教育上的投入和学习是非常不够的。也许很多爸爸会觉得，我和孩子妈妈是有分工的，"男主外，女主内"，我负责赚钱养家，她负责做饭带娃。但是，如果你这样想，是不是就意味着这个家庭只需要妈妈、孩子和一堆钱就完整了呢？你是不是也认为爸爸在孩子的生命中是可有可无的呢？那父亲这个角色在孩子的生命中，到底有什么意义呢？

曾经有人问过我这样一个问题："老师，你觉得找一个打算结婚的女朋友最应该看重她的什么品质呢？"我经常会反问他们："你觉得哪些品质是你最看重的？"我会得到很多答案，比如说漂亮、聪明、善良、贤惠，等等。但是我告诉他们这些形容词都是一个相对的概念。什么叫漂亮？情人眼里出西施，漂亮是很主观的。什么叫聪明？比你聪明，还是智商140？什么叫善良？是扶老奶奶过马路，还是收留流浪的动物？这些都无法判断一个人的心理特质。

我会告诉他们，如果你想找一个女孩作为终身伴侣的话，可以先参照一个标准，那就是她和自己父亲的关系。如果她能够与自己的父亲相处融洽的话，那基本上这个女孩也会有能力与丈夫进行良好的互动。如果一个女孩小的时候父亲太忙，或者没有做好当爸爸的准备，那么这个女儿的心中就会留下一道伤痕。因为这是她生命中的第一个男人，这个男人会在一定程度上奠定女孩对男人的看法。很多女孩说："我恨死我爸爸了，我要找男朋友绝对不找我爸爸那样的。"虽然她们这样想，以为可以避开像自己爸爸那样的男人，但是她们又很容易受这种男人的诱惑，因为她们内心里住着一个渴望重新得到爸爸关爱的孩子。所以自己父亲那样类型的男人，对她来说还是很有吸引力的。就算女孩们找到了和父亲不一样的男人，一旦这个人在某些方面做得不够好，比如说比较忙，在一段时间照顾家庭比较少，就会启动她们的童年记忆，使她们重新陷入曾经的痛苦当中。

在我的家庭治疗案例当中，经常会发现那些和爸爸关系冷淡的少女，她们叛逆时的那种能量比普通的青春期女孩要大得多。因为她们在童年的时候没有感受到父亲的爱，她们内心当中会想要去报复，而报复的方式就是糟蹋自己。早恋，酗酒，做刺激的事情（飙车、吸毒）等。

曾经有个高一的女孩到我的咨询中心说："我想知道自己目前是什么心理。我现在交了4个男朋友，每一个我都对他们若即若离，其中几个，还相互知道，常常因为争夺我而大打出手。但是我看到他们为了争夺我而痛苦，我内心好像还挺开心。老师，你说我是不是变态啊？"我问了一下她和父亲的关系，她说："我爸爸从小就打我，英语单词没有背下来，让我穿着睡衣 12 月份在门外站了两个小时。有时候他不开心，冲我就是一脚，但他还说是为了我好。"像这样的女孩其实就是在把小时候对爸爸的怨恨，转化到自己的恋爱当中。她折磨男朋友，其实就是在折磨那个曾经伤害她的爸爸。

而孩子的另外一种情况就是，爸爸经常不在家，女儿并不会恨爸爸，而是会产生一种深深的自责：爸爸为什么不喜欢我？是不是我哪里做得不好？我表现得好一点儿，爸爸也许就会经常回家了。这样的女孩在以后的恋爱当中，很有可能会成为那种没有底线的牺牲者：男朋友只要不开心，她就觉得自己哪里做错了，拼命地去讨好对方，这会让自己在对方眼里越来越没有价值。这种女孩是在把童年时代对父爱的争取，转化到与男朋友的相处当中，她们往往会因此失去自我。

所以，决定女儿今后会如何与男人相处的其实是爸爸。如果他能够多陪女儿，让孩子在自己身上练习开玩笑、争论，或者探讨一些深入的话题，就能帮助女儿提高与男人交往的技巧，让她们变得更加自信，不会轻易被操纵。如果女儿受到了爸爸的尊重，那么她就不会接受被别的男人不尊重的情况，也不会成为家庭暴力的受害者。

心理学家经过多年的研究发现，其实妈妈和爸爸在女孩生命中的作用是互补的。妈妈负责提供安全感，我们之前讲到的安全依恋大部分是由妈妈提供的；而爸爸决定了女儿的自信心，也提高了我们之前讲过的自我效能感。我们中国把爸爸比作天，把妈妈比作地，和西方的说法是完全一样的：**妈妈决定了基础，爸爸提升了高度**。有爸爸长期陪伴的女儿，她们在今后升学、找工作、恋爱方面都不太容易焦虑。

所以，父亲在女儿生命中，是决定幸福的关键人物。每一位父亲都不能忽视自己对孩子的影响！

那么，一个称职的爸爸究竟应该做些什么呢？

第一，爸爸和妈妈要做的其实不一样。妈妈可能是无微不至地照顾，而爸爸则主要负责陪孩子玩。从女儿还是婴儿的时候就抱着她，跟她说话，和她一起在地上打滚，陪她一起大声地笑。不要成为一个沉默的爸爸，真正健康的父爱是那种健谈的、充满关心话语的爱。你可以每天问女儿，今天过得怎么样？有没有遇到什么有意思的事情？并且只要你在家，就安排一个固定的亲子时间，哪怕只有 30 分钟，也是非常好的。

第二，做一个行动派爸爸，而不是指挥妈妈做这个做那个。如果你做不了太多的生活上的琐事，可以加入讲睡前故事的行列，要注意，你讲的故事要和妈妈讲的不一样。比如说，妈妈讲《小猪佩奇》《牙齿大街的新鲜事》，爸爸就要讲《给爸爸的吻》《你看起来好像很好吃》。爸爸讲的故事最好要有自己的特色。如果爸爸第一天没有讲完，妈妈不可以接着讲，而是要讲属于自己的内容。等爸爸有时间了，再把剩下的内容讲下去，这样，孩子会有一种不一样的期待感。

第三，多和女儿在细节上建立情感联结。即便你真的工作特别忙，也要每天给女儿打一个电话，哪怕只是讲一两分钟。如果你早晨上班的时候，她还没有起床，你可以给她留一些温馨的小纸条，告诉她你有多爱她，或者告诉她下周末你们一起去郊外看油菜花。这种爱的表达，是无论你给她买多贵的公主装，准备多大的生日蛋糕都比不了的。

第四，在女儿面前树立一个男人的榜样。你对待世界、对待女人的方式，会影响孩子对男人的最初看法，形成首因效应。如果你的方式让她喜欢，她以后会照着这个样子去寻找另一半，并且会感到很骄傲；如果你让她感到害怕或者鄙视，女儿就会在未来的亲密关系中感到混乱，不知道自己想要什么，所以很有可能在判断上出错。与其担心女儿进入社会以后遇到各种风险，还不如从现在开始，好好地陪伴她，给她乐观、宽容、有耐心的父爱，以后她也会懂得如何去爱。我们都说，女儿是父亲的前世小情人。如果你真的爱她，就把这种爱说出来，用行动表达出来，学习正确的方法去陪伴她的成长。当她长大后，你所带给她的自信和骄傲会占据她的生活。当你离开的时候，一个优秀的女人会继续生活，并且把你教给她的一切继续传递下去，生生不息。

父亲角色在男孩成长中的意义

在上一节中，我为大家讲述了父亲在女孩成长中的重要意义，即幸福感与良好亲密关系的构建。可以说，爸爸和女儿关系的好坏，直接影响孩子未来婚姻生活的质量，而对于儿子来说，父亲则会直接影响孩子的三观以及日后的成就。因为对于儿子来说，父亲就是一个行为模板，在很长一段时间里，爸爸都是儿子钦佩崇拜的对象。所以，男孩会把模仿爸爸的行为作为一件非常有乐趣的事情来做。爸爸的一举一动都会像放电影一样，印刻在男孩的脑海里，他们会把和爸爸类似的行为认为是符合审美标准的和努力的方向。所以，做一个好爸爸最重要的不是学多少知识和技能，而是先要做好你自己。

那么对于一个男孩来说，爸爸究竟要做到哪些才能算得上是一个优秀的爸爸？

合格爸爸首先有个前提，那就是有时间。完全没有时间陪伴孩子，或者是希望通过花钱找人代替养育的爸爸，可以说都是不合格的。但是，这一点说起来很容易，做到却有难度。20世纪初，在美国，每个家庭的男人都要承担过于繁重的工作，他们很多人经历了战争，大部分人都比较暴躁，养成了酗酒的习惯。所以，那时候大部分的父亲谈不上什么教育，孩子根本就很难接近父亲。当时，儿童和青少年离家出走的也非常多。所以作家布兰肯·霍恩还专门为此写了一本书，叫作《得不到父爱的美国》。我发现，我们国家在改革开放以后，很长一段时间内也非常像20世纪前50年的美国。大量的父母外出打工，孩子成了"留守儿童"。

但现在这个时代，给了爸爸们更多的陪孩子的机会，只要你愿意，肯定可以抽出时间。关键在于，在你的观念里，工作是否等于爱孩子。如果你觉得是，那么你一定抽不出时间来陪他。而如果你觉得工作更多地还是实现你个人的愿望，除了工作之外，你还有很多要陪孩子一起做的事情，那么你一定是个很爱孩子的父亲。

此外，**一个父亲能够影响男孩的第一项心理特征就是情绪**。我经常会在心理咨询室里听到父母向我抱怨，说："我家儿子什么都不愿意跟我们说。无论是学校考试成绩不好，还是和同学交往中受了委屈，都只喜欢一个人闷着，问他什么也不说。这是为什么啊？"这个时候我们开始着急了，为什么孩子不把情绪表露给父母呢？根源在哪里呢？

其实，一个男孩的情绪表达主要来自对父亲的学习。想要了解你家儿子为什么这样，先看看他爸爸是怎么做的吧。当你在工作中遇到不顺心的事情，与别人产生矛盾，心情不好的时候，你会怎么做呢？大部分的爸爸可能回家就板着一副脸，感觉一身的火药味，一副谁都别惹我的表情；要不就一个人躲在阳台抽闷烟，或者找个事情借题发挥和爱人吵一架，批评一顿孩子。总之，他就是不告诉家人自己究竟有什么事情，为什么自己心情会不好。但是，孩子会很奇怪，我没有犯什么错误，为什么爸爸会这样？噢，原来男人心情不好就应该变得不可接近或者是愤怒。以后，他遇到问题，也会模仿你的解决方法。受委屈或者挫折以后，要不闷闷不乐，要不就大发脾气，但就是不说为什么。这都是你做的示范！

要想让孩子懂得表达情绪，爸爸首先得学会表达情绪。怎么做呢？当你感到情绪低落或者悲伤的时候，可以把妻子和孩子叫到一起，告诉他们"我今天很难过，因为……"你甚至可以让孩子看看你沮丧的表情，或者是流泪的样子。爸爸们都被"男儿有泪不轻弹"这句话搞得很矛盾，明明很想哭，但一定要强忍住。情绪得不到正常的宣泄，就会压抑到潜意识里，然后以其他的病态形式表现出来。所以，一旦你能够向家人敞开你的内心，他们不仅不会觉得你很脆弱，反而会因为你信任他们而感到开心，孩子今后再遇到困难也会愿意向你显露情绪，并且寻求你的援助。

我们都说，妈妈决定了孩子的安全感，爸爸决定了孩子的情商。这个情商也包括情绪的正确表达。我们来举一个例子。如果你的儿子在游乐场没有按照你的要求玩耍，而是到处乱跑，结果走丢了，当你找到他时应该怎么做？是对着他大吼大叫，打他一顿吗？这只能让他学会你的暴力和情绪失控时的样子。当然，你也做不到完全心平气和地跟他讲道理，所以，这个时候你就要向他表露你的真实情绪："儿子，你去哪里了？我找了你好久，爸爸有多担心你知道吗？"这就比你用吼叫让他不敢说话要好得多。他们从你的身上学会了把内心感受和外部行为结合起来，情商也就提高了。

父亲能够影响男孩的第二项心理特征是如何去爱别人，特别是女人。你会在孩子在场的情况下去关心你的爱人，哄她开心吗？或者你喜欢经常让孩子看到你拥抱妻子吗？其实这都是很美好的感觉。有时候你会发现，当你抱爱人的时候，孩子会跑过来和你们抱在一起。所以，要把你内心里的爱，通过外在的行为表现出来。这既会让妻子感到更加快乐，也会让孩子学习到爱的表达方式。

然后，你需要在孩子面前与妻子商量家里的事情，就算是生气了，你也不能辱骂或者蔑视你的爱人。我去过很多家庭，发现如果这个家里的孩子不尊重妈妈，那么很大程度上爸爸也不尊重妈妈。当然，反过来也是一样，孩子大部分不尊重爸爸的行为也是来自贬低爸爸形象的妈妈。可能你会说，我有时候忍不住在孩子面前和爱人吵架了怎么办？如果发生了，就要在你情绪平复以后，和爱人一起告诉孩子："爸爸和妈妈因为在有些事情上意见不同，所以发生了争论。但是爸爸和妈妈还是相爱的，我们也是爱你的。"这个解释很重要，可以保证孩子不对你们的冲突胡思乱想。经过这个过程，他的情商会继续提高。

父亲能够影响男孩的第三项心理特征，就是男孩的价值观和兴趣爱好。我记得我自己小时候喜欢看的电视剧、喜欢的歌手、爱看的书都很大程度和爸爸保持了一致。比如说我爸爸喜欢看《水浒传》，爱听毛阿敏的歌，喜欢中国古典文学；当时我妈妈更喜爱《北京人在纽约》，喜欢听《枉凝眉》，爱好外国文学。结果，我受爸爸的影响更大一些。就这个问题，我还专门和很多父母进行过讨论。比如说我的朋友唐荣老师，她自己有音乐教育专业背景，而且经常会给儿子唱歌，唐老师的爱人是一个理工男，喜欢在孩子面前看书，做一些需要动手的工作。结果她就明显发现，自己对儿子的音乐熏陶比不上儿子对那些动手游戏的喜爱。如果让孩子选择唱歌还是做手工，他会毫不犹豫地选择后者，还会跟妈妈说："我做手工的时候，你不要唱歌，好吵！"当然，我这里说的都是孩子在父亲和母亲陪伴时间差不多的情况下的一个比较结果。如果某个家庭，爸爸经常不在家，那么男孩也只能受到妈妈的兴趣影响了。

比兴趣影响更重要的是爸爸的人生态度。如果你希望你的孩子是一个坚持到底、敢于面对困难的人，那么你平时在孩子面前，遇到问题也应该保持足够的耐心，先考虑到的永远是"怎样去改变"，而不是"这是谁的责任"。例如，当爸爸和妈妈的感情遇到了问题，他是否会以工作忙为借口而后长期不回家？我接收的很多高考前因为没信心而放弃考试的男孩，家里都有一个长期逃避婚姻现实的爸爸。所以，想要有一个什么样的孩子，首先你自己就要成为那样的人。当你连自己都做不好的时候，还怎么敢"奢望"孩子的行为能够超越你？

其实，我们最大的目的不是要教每一个爸爸到底怎么做，而是希望每一个爸爸都能更好地回归到家庭生活。在你努力追求个人成就的同时，也履行好一个父亲的职责。你做得越多，你做父亲的天赋就越能得到发挥，最终还会形成属于你自己独特的教育方式。你也会体会到，再没有比养育出出色的孩子更能感到满足的事情了。

如何控制我们带娃时的愤怒情绪

长期以来，我们在学习各种育儿理念的时候，都可能会不断地反省自己曾做得不好的地方，后悔自己给孩子造成了很多伤害。

但是另外一方面，我们自己也会有一个疑问，那就是，"我知道我有时候做得不好，但是当我脾气一来，开始发怒的时候，哪管得了那么多，根本控制不住自己，还是会对孩子发火，但是事后又觉得对不起他们。"这其实就形成了一种恶性循环，由于我们控制不住自己的情绪，所以对孩子发火；这时候孩子被伤害，我们事后又感到内疚，但下次遇到问题的时候，我们还是照样发火。久而久之，我们的自我评价就会减少，产生无力感——我知道该怎么做，但我就是做不好！

有什么办法可以走出这个怪圈呢？

我研究了心理学里所有的情绪理论之后，发现能够决定我们个人情绪的不外乎这四个因素：认知（cognition）、童年经历（childhood experience）、压力（pressure）、知识水平（knowledge）。我们每个人对这四种因素掌控得越好，就越容易控制自己的情绪。

首先，我们来看看第一个因素——认知，或者说是信念。

假设有一天，你带着孩子去逛商场，他看中了一个新玩具，但是近期你已经给他买了很多玩具，不想再买了，可他就是不肯，赖在地板上号啕大哭，这个时候你心中的信念是什么（注意，我没有问你怎么做，而是问你怎么想）。

有的父母心里可能会想："一不如意就大哭，我不能惯着这样的坏习惯！如果我妥协了，他今后会一直要挟我，我还有什么权威？我得让他知道该听谁的！"于是，他可能开始发怒，用很大的力气把孩子拽走，一边

走一边骂:"你这个小孩怎么这么不听话,想让我下不来台是吗?"或者威胁他:"我数到三,你不起来我就走了,你自己在这里哭吧!"

而另外一类父母可能这么想:"小孩很喜欢新玩具,对他来说,得不到肯定很伤心!"这时候,你可能会抱起孩子说:"你真的很喜欢这个玩具是吗?今天不能买你很伤心吧?但今天不是买玩具的日子哦,等到你过生日的时候,我们再买好吗?"然后,让孩子慢慢地从伤心中恢复平静。

我们来比较一下,两种父母的行为结果同样是没给孩子买玩具:第一种父母自己生了气,伤害了孩子,事后可能还会产生内疚感;而第二种父母,虽然孩子还是会因为没买玩具而哭,但他们采取了"延迟满足"的教育法,并且面对情绪失控做出了正确的安抚方式,所以从"当前"和"长期"的效果来看都好得多。这种父母思维的区别在哪里呢?

第一种父母想的是:"孩子在和我作对,我要纠正他。"这采取的是俯视孩子的态度,其实就是:"我是你爸,你要听我的,别跟我闹事";而第二种父母想的是:"孩子哭闹是有理由的,他需要我的帮助。"采取的是平视孩子的思维,他们认为孩子和我们是平等的,我没有资格教育他,只能帮助他。这不就是蒙台梭利的"以儿童为中心"的思想吗?

所以,**面对孩子时,第一个不发怒的方法就是,不带做父母的优越感去看待他们,而是平等地面对孩子的一切需求**。能够主动调整看法的父母会很快平静下来,然后做出正确的决定。

但是,调整认知的办法也许只对一部分人有用,有的父母只要发现孩子在某些方面没有符合自己的心意,就像被触碰了"情绪按钮"一样,突然爆发,自己都不知道是什么原因。这时候,你的愤怒并不是因为孩子,而可能是来自自己的童年经历。

可以说,几乎所有人都在童年受过伤,这也是我们要说的第二个决定个人情绪的因素。

如果创伤没有被治愈，这种创伤就会阻止我们以真正希望的方式养育孩子。比如说你在童年的时候，总是受到父母的否定或者忽视，你就会在成年以后变成一个极度"求关注"的人，而如果你的孩子在某些事情上拒绝了你，或者表现得不那么重视你的要求，你童年时期形成的"情绪按钮"就会一下子被触发，它会暂时扮演你童年时的父母，而你将会把所有对父母的愤怒一下子发泄在孩子身上。这就是没有治愈的创伤会一代代传递下去的原因。心理学家劳拉曾经说过："孩子绝对有某种神秘的力量，他们可以告诉我们创伤的位置，让我们回想起昔日的恐惧和愤怒。而他们的诞生，其实是在给我们疗伤的机会。"

如果你觉得自己是这一类型的父母，就需要对自己说："孩子是不会故意和我们作对的，他们只是表达他们自己的需求而已。我们的愤怒和焦虑来自我们自身，它在提醒我们，小时候的问题还没解决哦！"所以，这个时候，我们需要认真地回顾过去，看看究竟是什么样的经历形成了自己的"愤怒按钮"。当然，很多人会陷入一个误区，他们回想过去的时候，会去恨自己的父母，认为"都是因为你们，我才会变成这个样子"。但恨不会让人改变，只能让我们感觉更糟。

而真正的解脱之道，是重新去理解自己的父母。我们不说原谅，因为即便父母曾经给我们带来痛苦，但他们也只是在用他们所知道的最好的方法养育我们，他们受到了认知水平的局限。我们不也都认为，自己是在尽力给孩子最好的吗？所以，你需要完全地接受父母关系不好，最终离婚，没能让你感到足够的家庭温暖。如果你能够接受现实，你可能会想，爸妈如果带着怨气在同一个屋檐下生活，可能你会更加痛苦。他们离婚从某种意义上来说，是对你的一种保护。这种经历也促使你在自己的家庭生活中更加懂得去学习和珍惜，这可能是你在父母的离婚当中得到的最大收获。

当然，这对于我们来说可能非常不容易，需要不断地学习才能实现。

必要的时候还需要借助专业的心理咨询来疗愈自己。但只要你意识到是自己的问题，就别放过任何一个成长的机会。

第三个让我们发怒的因素是压力。比如说，睡觉前，孩子拿着一本故事书对你说："妈妈、妈妈，我要听故事，你给我讲故事吧！"如果你今天工作都做完了，很轻松，你可能会非常愉快地搂着孩子开始讲故事。但如果有一天，你的工作、家务一大堆，而且白天还和领导闹了矛盾，这时候孩子再吵着让你讲故事，你可能就没那么好的心情了；如果他再缠着你，你也许就要开吼了！

但回头仔细一想，孩子可能也没错，他只是想听故事，又没有做什么过分的事情，我干吗要发火呢？还不是因为自己的生活、工作没有处理好，要发火也不应该对孩子啊！

因此，**为了不把你的压力和愤怒传递到孩子身上，你需要做三个动作：停止、放下以及腹式呼吸。**比如说，孩子吵着要你讲故事，你的压力有点儿大，你可以跟孩子说你等妈妈10分钟，我等会儿做决定（记得，不是说我等会给你讲，或者不讲，而是说等会儿做决定）。因为你此刻的压力水平，已经没办法好好说话了，你需要保持冷静。如果家里有些乱，你可以出去找一个地方，把眼前所有的事情完全忽略，之后做腹式呼吸。每次呼吸都要用8～10秒来完成，用很慢的速度把肚子里的气吸饱，然后再慢慢地吐出来，做10～20次。这是一种正念训练。等我们从失控的状态中恢复过来，即使你拒绝了孩子："妈妈今天挺忙的，明天晚上再跟你讲"，但你的态度和语气都会变得缓和很多。所以，由压力而导致的发怒，需要我们用调整身体的方法来缓解。

最后，还有一个可以改善我们情绪的保护因素，就是学习。善于学习的父母会更懂得如何应付孩子们的各种状况。说得通俗一点儿就是，孩子的这些表现我都学过，每个行为我都知道意味着什么。见多了大风大浪，也就会变得淡定很多。比如你们在读了本书以后，再遇到孩子爱哭，两个宝宝争宠、起冲突，孩子非常迷恋秩序感等之类的问题，你还会焦虑、生气吗？

在我们带娃的时候，如果你发现他的表现没有符合你的预期，你感觉自己可能会发怒时，可以先问自己几个问题：我的愤怒是因为我的看法造成的吗？是不是他的行为触发了我童年的"情绪按钮"？我要发怒是由自己在生活工作上的压力造成的吗？还是因为我太缺乏知识，需要学习了呢？我想如果你做了以上反思，80%以上的愤怒情绪是可以避免的。

当然，可能有人要问，那如果我还是没忍住向孩子发了脾气怎么办呢？也没有关系，只要你开始对自己的情绪进行观察和反思，就是迈开了第一步。当下次你再遇到类似的情境时，你可能又会比这一次做得好一些。所以，不用内疚，孩子是最宽容的，他们会等你，直到你变成那个更好的妈妈或者更好的爸爸！

如何成为更沉着的父母

在我们的社群当中，经常会听到这样一种声音，他们问："老师，我其实也算是好学的，为什么看了很多养育孩子的书籍，听了很多专家讲的课程，但在实际生活当中，遇到孩子的各种问题时，我还是容易急躁，特别焦虑。想问问，您有没有什么办法，可以让我成为一个沉着的家长吗？"

像这种问题，我被问了不止一两次，因此也让我觉得，好像很多人的确都有这方面的困扰。所以,下面我将教大家如何成为一个沉着的父母。

首先,我要纠正一个思维误区,那就是在我们大部分父母的心目中,要让自己不焦虑的方法就是不断地学习,学得多了,遇到问题也就不害怕了。乍一听好像有道理,但仔细分析一下,这种思路是有缺陷的。因为问题是解决不完的,你搞定了1岁的问题,3岁的来了;搞定了小学,青春期问题更多。庄子曾经说过:"吾生也有涯,而知也无涯。以有涯随无涯,殆已!"[1]旨在告诉我们,用有限的时间去追求无限的知识是解决不了问题的。所谓沉着,并不是不出问题,或者是你能解决所有问题,它其实是一个人在遇到问题时的一种面对哲学,说白了就是心态。就好比有很多非常优秀的运动员,水平已经是世界顶级的了,但只要参加奥运会还是会特别紧张。还记得在奥运会上送给中国队两块金牌的埃蒙斯[2]吗?从实力上来说,他是最好的,但总是最后一枪失常,这就属于心态问题了。我们不能把知识和心理状态这两个概念混淆起来,所以,无论你是觉得自己的育儿知识不够,还是时间有些紧张,都不要紧,因为接下来我要告诉你三种更沉着、淡定的育儿心态。

第一种,别追求做完美父母。一个沉着的人,最大的特质就是他只追求他认为最重要的,而不追求什么都做得好。举例来说,我不知道你有没有见过,有一种妈妈在带娃的时候,坚持科学养育。有家人想要抱一抱孩子的时候,她会说:"现在不可以抱,把手洗干净再说,怕传染细菌给孩子。"带到老家,爷爷奶奶要喂饭的时候,她会说:"不可以追着喂,让他自己坐过来吃。"爸爸带着孩子玩,把孩子弄哭了,她会说:"你不可以这

---

[1] 出自《庄子·内篇·养生主第三》,原文:"吾生也有涯,而知也无涯。以有涯随无涯,殆已!"意思是人生是有限的,但知识是无限的(没有边界的),用有限的人生追求无限的知识,是必然失败的。

[2] 马修·埃蒙斯(Matthew Emmons),美国射击名将。2004年雅典奥运会上,23岁的埃蒙斯拿到了50米步枪卧射的金牌,但是在男子50米步枪三姿比赛最后一环中意外丢靶,让中国选手贾占波意外地收获金牌。

样带，没按照科学的方法做，宝宝都不喜欢你。"就是自己心情不好，对孩子发了脾气以后，也会对自己说："我不可以这样，这样会给孩子带来负面影响的。"也许这种完美父母所强调的内容都是有科学依据的，但是这样的养育方法非常累，而且长期追求完美所带来的疲惫感和焦虑还会为孩子提供不良示范。所以，追求完美反而会让你变得不完美。

所谓沉着的父母，就是当他做的和书上说的不一样时，或者遇到那种不能完全做到的情况时，他不会自责，不会后悔，他会问自己：我做事的重点是什么？我有一个特别好的朋友，他学历不高，但是生意做得很好。照理说他可能在教育方面会不如那些高学历的父母，然而，我发现他对两个孩子的教养，既沉着又有着很好的效果。因为他在遇到别人给孩子提供的新教育理念时，不会受其影响，他会告诉自己："我最注重的就是我两个孩子的社交能力，他们要会待人接物，遇到大人、长辈要有礼貌，和小朋友一起玩时要慷慨。其他都可以作为次要的品质。"

当邻居的孩子都去参加各种早教班的时候，我问他要不要送孩子去，他会先想一想，这个早教班和他培养孩子的主要目标是否有关，如果关系不大，那就不去；别人都送孩子去学一门特长，比如说乐器、书法或者围棋，我问他要不要送孩子去，他说："这些好像都和我的主要目标无关，不去"。但是他经常会带孩子去参加那种有很多小朋友一起做游戏的活动，也经常开车带孩子去农村老家跟乡下的孩子们一起玩。

结果，我发现他家孩子是我看到过的最懂礼貌、最会与人交往的那种类型。他知道自己想将孩子培养成什么样子，自然也就会放弃那些目标之外的内容。

那些焦虑的父母，往往在看到这个小朋友学音乐，那个小朋友学奥数时，因为不知道自己有什么目标，害怕落后，于是就盲目追赶别人的脚步。越是追求完美就越不沉着，结果孩子变得很抗拒。

第二种，把责任和权利分散。绝大多数沉着的人，都有一个共同的特质，那就是他们懂得不大包大揽孩子成长的权利和责任。监护人、孩子和老人都来参与，利用一切资源养育。我在网上被问得最多的问题是："我孩子总是很霸道，抢别人的玩具，怎么办啊？""孩子每次送到婆婆家，老人都很娇惯，追着喂饭，有求必应，怎么办啊？"每当这时候，我都想告诉他们："这不就是孩子要面对的真实环境吗？难道你要他活在一个教育专家围绕的环境里？"孩子之间起冲突，就让他们自己思考该怎么办，你只要安抚就行了。比如说，你家孩子受了委屈，他肯定会调整社交方案，如果你冲上去说："这个小朋友太霸道了，以后别跟他玩了！"或者说："他打你，你不知道打回去吗？"这样孩子社交能力的提升，就被你这一句"别跟他玩了"或者"打回去"给破坏了，之后他反而不容易做出正确的决定，社交中弱者有弱者的道，强者有强者的法。

如果老人娇惯孩子，那就让孩子享受几天的骄纵时间。只要你保证自己的养育时间和理念占主导不就好了吗？就算是条件有限，你们没有办法长期陪伴孩子，必须要老人来养育，孩子至少是能体会到爱的。那些长辈的教育方式对孩子的影响就是你必须接受的结果，毕竟我们中国现在的社会条件还不能完全脱离隔代抚养。

第三种，对焦虑不焦虑。 如果你仔细观察，就会发现，那些心态好的家长并不是不紧张自己的孩子——谁遇到自己的宝贝生病，在学校出状况、受委屈不心疼着急呢？但他们很懂得接纳自己的这种焦虑情绪，也就是认为自己的着急是非常正常而且合理的，不会觉得迷茫。

其实，我们每个人的大脑里都存在两个层次的认知。第一个层次就是我们遇到事情的第一反应，比如说我们失恋了，第一反应肯定是难过，任何情感联结的锻炼都是痛苦的事情！但是我们头脑中还有一个更高层次的**"元认知"**⊖，它是对我们第一个层次认知过程的观察和反省。当这个"元

⊖ 元认知，是对认知的认知。具体地说，是关于个人自己认知过程的知识和调节这些过程的能力，对思维和学习活动的知识和控制。

认知"认为我们对失恋的感觉不够合理时，就会否定这种情绪，认为失恋了不应该这么痛苦。这反而会让人产生一种心理矛盾，我知道自己很悲伤，但我认为悲伤是不应该的，但也改变不了，抑郁症就这样产生了。但如果你的"元认知"可以接受失恋是悲伤的，它就会告诉你自己，失恋后痛苦是很正常的事情，而且还会持续一段时间。这时候，你内心会接受自己的痛苦。当痛苦被接受了，你也就开始解脱了。

所以，要做到沉着，我们就要接受自己的焦虑情绪，告诉自己担心孩子是再正常不过的事情。所以，我们唯一要做的就是关注当下，专注于怎么帮助孩子解决问题。

其实，心态问题讲浅了让人觉得在说大道理，讲深了又不容易理解。我们再来梳理一下前面讲的三个步骤。要让自己成为更沉着的家长：第一，我们需要放弃追求完美。这里面又有三层意思，首先，你自己做不到的没必要自责，因为你也受自己的条件和知识水平所限。其次，你自己做不到的也不要要求孩子做到，比如说你要求孩子不发脾气，自己却在大喊大叫，比谁声音都大；要求孩子分享，自己却把他手上的玩具抢了，强迫他分享给别人。这都是逻辑不通的教育思路。最后，在养育过程中，找到自己最想要的那个点，并坚决地执行下去。第二，不要大包大揽，要用身边所有的资源来帮助自己养育孩子，把一部分成长的权利交给儿童自己。第三，接纳自己的焦虑情绪，允许自己做一个 70 分的家长。接纳不沉着的那一刻，就是你迎接更沉着的时刻。

四类父母，只有一种可以学

前面我们在讨论怎样奖励、惩罚孩子的内容时，反复提到过一个概念，希望大家能够成为"权威型"父母。虽然提到过，但是我们还没有详细地给大家介绍，到底什么是"权威型"的父母。这是不是我们所有的父母都应该成为的理想模型呢？

"权威型父母"的概念来自美国加州大学的鲍姆林德[一]教授。她对来自95个家庭的103名学龄儿童经过长达10年的研究发现，儿童的发展质量会受到父母教养风格的影响。她从众多的父母教养行为里，提取出了两个维度。第一个维度叫作"要求"，第二个维度叫作"反应性"。"要求"是指父母要给孩子设立适当的标准，并且坚持要求孩子达到这些标准，说得再通俗一点儿，就是你对孩子的要求"严格"还是"不严格"；而"反应性"是指父母对孩子接受和爱的程度，以及你对孩子的需求是否敏感。简单来说，就是你是否能够无条件地接纳孩子和爱孩子。

根据这两个维度，鲍姆林德教授把所有父母的教养方式分为四大类：专制型、权威型、溺爱型和忽视型，并且告诉大家，这四种类型的父母会养育出相对应的四大类孩子，而也许只有一种是我们希望的样子。

忽视型，也就是完全放任自流，完全冷漠。 父母们都知道这是最不可取的，最容易形成"混乱型"依恋关系。既然父母能做到忽视，也就说明他不爱孩子，或者完全没有爱的能力。这样的父母，最需要的是自己接受心理治疗，然后才是关于育儿的学习。所以，这种类型的父母，我们就暂时略过，着重讲下面三种。

首先来看**第一种：专制型父母。** 按照维度划分，他们属于高要求和低反应性的父母，就是对孩子"高标准，严要求"，强调控制和绝对服从。他们会给孩子制定一系列的行为准则，如果违反，就会受到非常严厉的惩罚。比如，我有个朋友说，他家孩子在假期想要玩游戏，孩子和他约定好玩1个小时，结果到了时间孩子还是不想撒手。这时候，他就一把抢过手机说："讲好了1个小时，时间到了，交给我。"但是玩得正起劲儿的孩子

[一] 戴安娜·鲍姆林德（Diana Baumrind），在加州大学伯克利分校（University of California, Berkeley）人类发展学院获博士学位并在那里任教，以对家庭教养模式（parenting styles）的研究，以及批评心理学研究中的欺骗而著称。

肯定不愿意，上来跟他理论。结果他觉得孩子不遵守约定，还来纠缠，很气愤，于是就打了孩子一巴掌。像这样的父母，就属于专制型父母。他们认为孩子服从是应该的，而并不去考虑孩子背后有什么需求。比如说，孩子玩游戏要结束一局以后，心里才会舒服，就像我们看电视连续剧，不喜欢看到精彩的部分时放广告一样。所以，孩子的需求需要我们去理解。心理学家发现，长期由专制型父母养育的儿童会充满怨气，变得孤僻和多疑。

第二种：溺爱型父母。与专制型正好相反——低要求、高反应。这样的父母一般比较注重自我调节，认为"孩子还小，由着他吧"。他们很少会对孩子提要求，基本上都让孩子来监控自己的活动。这些父母温和、不专制，甚至有些放纵。我经常会看到这样的父母，大人一起在一个桌子上吃饭，孩子一会儿把碗摔碎了，一会儿又要爬到桌子上玩，过一会儿又去欺负其他的小朋友。但是，他的父母却不制止，只会用那种很小、很温柔的声音说："不可以这样。"但是，这句话说了跟没说一样，孩子依然继续他没规矩、没礼貌的行为。这种父母总结起来就是：只有爱，没有要求。鲍姆林德发现，这种养育风格下的孩子，是最不成熟的，自控力和探索能力也是最差的，稍微遇到一点儿挫折就无法承受，而且他们完全不能体会父母的不容易。

第三种：权威型父母。这种类型的父母是鲍姆林德认为最有利于孩子成长的父母。权威型父母属于"高要求、高反应"型，他们会对孩子提出合理的要求，也会对孩子的行为做适当限制。可以说，这种父母既严格又宽松。很多父母最不理解的地方就是，我让孩子自由一点儿吧，怕太过溺爱；但是严格一点儿呢，又怕太过严苛。那到底应该怎么做？其实要做到既严格又宽松并不难，**主要是你需要搞清楚，你要在哪些方面严格，在哪些方面宽松，这样你就不会困惑了。**

具体该怎么做呢？

我们需要对孩子的个性特质保持最大的宽松态度。比如说，他精力旺盛，活泼好动，总是喜欢参加很多活动，而且玩很久都不会累。这个时候，你就不能强行说，你去做点儿安静的事情吧，练练书法，下下围棋什么的。你要尊重他的兴趣、想法，这才叫对个性的宽容。那应该在哪些方面严格呢？要对孩子的社会性严格，比如说孩子基本的礼貌、品行方面：上学要准时到校，睡前要和妈妈说晚安，借别人的东西要还等。这样的社会规范就需要有标准的要求，如果孩子没有做到，父母就应该在一种温和与坚持的氛围下对他们进行限制和惩罚。总的来说，这种教养风格的特点是：理性、严格、民主、耐心和关爱。

这种风格养育出来的孩子安全感很强，他们知道爸爸妈妈一直都很爱自己；到学龄期的时候表现得很独立，自主性高，非常喜欢探索新事物，对自己的满意度也很高。经过长期比较，心理学家发现，权威型父母的教养风格要比专制型和溺爱型有效得多。专制型父母限制了孩子的自我成长和独立思考，溺爱型父母又人为地剥夺了孩子战胜困难、接受挑战的机会。只有权威型父母可以在发生矛盾的时候，既不退让也不粗暴，他们会与孩子交流自己的看法，协商以后再提供方案。

比如，你家孩子走在路上，从地上捡了一块石头。专制型的父母可能会说："给我把它扔掉，脏死了！"溺爱型的父母可能就完全不限制，随便孩子。而权威型的父母可能会说："这个石头很脏，我是不喜欢。如果你选择带回家的话，一定要把它洗干净，而且只能放在院子里。"这样既尊重了孩子的需求，又提出了自己明确的要求。

所以，到现在为止，鲍姆林德提出的"权威型父母"的概念仍然受到各国教育界、心理学界的认可。有很多研究支持他的观点，认为"权威型"确实是我们能够参考的最好的一种教养风格。

那我们是不是就可以完全参照这个标准去做了呢？

也不尽然。虽然这个理论在大方向上是正确的，但是也有很多心理学家指出，父母的教养风格与孩子的自信和独立只具备相关的关系，并没有因果联系。也就是说，就算你是权威型的父母，也不意味着你的孩子一定会和理想模型一样。孩子的成长还受很多的社会因素以及孩子自身天赋的影响。还有一个值得思考的问题就是，这套理论是站在北美主流的儿童发展观角度创立的，对于很多亚裔家庭来说，孩子们会在更强调孝道的文化当中成长，这也就意味着父母对孩子的控制力更强，管制也更多。所以，对于亚洲文化来说，理想状态的父母的严格度也许比西方"权威型"父母更强。以电影《摔跤吧，爸爸》为例，这部印度电影在中国大获成功，我们觉得这个爸爸用心良苦，是个好爸爸，但它在北美市场票房惨淡，因为西方人觉得这样的父亲太过于严苛和残酷。所以，不同文化下的"权威型父母"，标准也是不一样的。

无论如何，鲍姆林德教授对父母教养风格的研究，都给了我们很多启发：**优秀的父母会在给孩子自主性和对他们的纪律控制之间寻求一种平衡**。父母最好在个性特点、兴趣爱好、和谁交朋友方面给予孩子最大的自由，但在健康、安全、道德方面给予孩子更多的限制和要求。遇到矛盾的时候，学会分析和沟通。这样，无论在西方还是东方，你都可以成为一名精益父母。

我们要让孩子决定一切吗

我的好朋友朱丹老师遇到过一位很气愤的妈妈，她说："老师，书上说的那些东西都是假的。为了教育孩子，我看了很多教育类的书，也都按照书上说的来养育，但是孩子成长得一点儿也不好。礼貌、行为规范都可以说是一塌糊涂。最后，还是通过国学教育把孩子的行为慢慢规范过来的。"朱老师问我，怎么看这个问题。我说，这个妈妈看的肯定都是西方某一类风格的书，虽然看了很多本，但核心都是讲述那种"自由""民主"的养育方式。他们主张把一切选择的权利交给孩子，尊重他们的所有意见。

这样对吗？

我要告诉你，恐怕不行！

这样的教育会从一个极端走向另外一个极端，从代替孩子判断或者是直接下命令，到完全民主，什么都让孩子自己决定。

20世纪40～60年代，这种"完全民主式"的教育潮流在美国达到高峰。但是，这一代人并不幸福，家庭不和、自杀等现象频现。整个教育界开始反思，到底出了什么问题？后来发现，任何好的教育在给孩子一定的选择空间以外，还需要遵循另外一个条件：守住底线。这也是我们之前所说的权威型父母的主要特征：温柔而坚定！

那什么是我们的底线呢？

我认为有两点，第一点是价值观，第二点是由价值观引导的行为规范，而这些由价值观引导的行为规范是不可以谈判的。即使是形式上的谈判，也绝不能让步。

如果你给孩子设定的价值观是要懂得尊重别人，讲礼貌，那你就要为这一价值观设定行为底线。比如说，见到爸爸妈妈的朋友要打招呼，平常提出要求应该说"请"和"谢谢"。一旦你设定了这两条规范，就必须在今后的日子里统一标准。当然，这并不意味着孩子没有和人打招呼或者没有说"请""谢谢"的时候，你就要惩罚他们。这是很糟糕的方法，把讲礼貌和害怕、痛苦联系在了一起，这样无法激发孩子内心真正的动力。你需要的只是在他们做得好的时候，给予充分的肯定和赞扬；而在他们没有做到的时候，给予无限次的机会来改正。比如说，孩子在叫爷爷的时候说："喂，你给我过来！"你听到以后，最好不要说："没礼貌，怎么可以跟爷爷这么说话呢？"这是批评式的对话。其实你可以这么说："小宝，你还记得我们经常说的尊重吗？来，让我们重新说一次。"如果孩子不记得怎么说，你就示范一次："爷爷，请你过来一下，可以吗？"这种示范也是建立榜样效应。

有很多家长会因为对孩子强烈的情感，放弃最基本的底线。这么做只会破坏你的整个教育规划。曾经有一位妈妈很伤心地来找我，她说儿子上五年级了，自己对儿子付出了很多，但是孩子还是对自己各种不满，经常发脾气。我问她，你觉得你在平时和他交流的过程中，守住底线了吗？她告诉我，经常是守不住的。比方说，想让孩子养成节制的习惯，每3个月才可以买一个比较贵的玩具。结果上次，规定的时间并没有到，儿子就吵着要平衡车。妈妈说："平衡车是比较贵的东西，我们要等时间到了再考虑买它。"结果儿子各种发脾气、耍赖、冷战，找爸爸软磨硬泡。最后，爸爸出钱买了。儿子拿到平衡车的那一天，冷冷地对妈妈说："早知道这样，你又何必搞那么久，惹我生气呢？"这就是没有坚守底线的结果。

当然，有时候坚守也不是那么容易的。你需要克服自己强烈的爱子之心，要联合你的爱人，可能还要说服孩子的爷爷和奶奶。有时候，我们想着坚守底线，但是更宠孩子的爷爷奶奶会破坏这个规矩，让你前功尽弃。遇到这种情况怎么办呢？我觉得与老人的相处和与孩子的相处同样都应该遵循一个原则：底线加谈判。底线就是我们不能退让的标准，而谈判则是为了寻找更好的办法。你的标准一定要列出来，最好是用很粗的笔写下来，贴在墙上，而在你和父母就教育方法谈判的时候，要采取"步步为营"的方式。千万不要把你所有看不惯的事情，一下子都提出来。就像你的老板叫你过去，然后跟你说：我觉得你有十个缺点，分别是……这时候，我估计你不是想辞职，就是情绪跌到谷底。你可以每周只强调一个规矩，并且把它贴在墙上，然后真诚地去沟通："妈妈，我想让宝宝养成好习惯，那就是吃饭的时候绝对不可以离开饭桌，如果孩子到处跑，我们到时候就把东西撤掉，等下一波再吃。好吗？"如果父母有些为难，你就说："为了孩子，我们这一周就遵守这一个原则，其余的我们慢慢来。可以吗?"你想想看,如果能做到,一年就可以养成52个好习惯。大部分的问题也就搞定了。

让孩子坚守底线的时候,你也要有技巧。如果你总是喜欢用父母的权利去压制他们,就会让孩子觉得,你说什么就是什么,那我根本没有回旋的余地,当你的要求和他们的想法相冲突的时候,他们会出现对抗的情绪。如果你在感觉上是与他们商量,但实际上你却在坚持底线,比如说,你的想法是让孩子把作业写完,那谈判的说法就是:"今天晚上睡觉之前,你得做完作业。你想跟妹妹一起在书房里面写,还是想安安静静地在自己的卧室写呢?"如果他说:"我不想写作业!"这个时候,你要清楚你的底线是每天要按时写完作业。那这时就一点儿也不能妥协,一旦原则失守,你的规则体系就被破坏了。

现在问题来了,我们到底要给孩子设立哪些价值观和必须遵循的行为规则呢?我觉得这和每个家庭的文化有关,我没办法告诉你具体哪些才是好的价值观。比如说有的家庭喜欢孩子懂礼节,早上要跟爸爸妈妈问好,睡前要说晚安;而有的家庭可能觉得这些东西太烦琐,不自由。所以,这需要你自己来设定。

在这个世界上,有的价值观是通用的,比如说诚实、守信、自律、分享、公正等。我们可以找到这样一个价值观,然后在价值观下设立我们的行为规范。

拿"守信"这个价值观为例,你先要跟孩子解释什么叫"守信",告诉他,守信就是承诺过的事情就应该尽力去做到。

然后,让孩子识别什么是守信的行为,你可以设计一些小的判断题:

第一步,妈妈问佳佳能不能帮忙把妈妈的房间收拾一下,佳佳说,马上就做。但是后来她忘记了,直到睡觉前都没有收拾房间。这是什么行为呢?如果孩子没有表态,你需要告诉他这就是不守信的行为。

第二步,瑞瑞答应了给同学带一套《小猪佩奇》的卡通书,结果他第二天就做到了，带到幼儿园分给了同学。这是什么行为呢？你要告诉他，或者等着他自己判断，这是守信的行为。不断地做这样的训练，以保证孩子们头脑中有足够的价值观数据，这些数据就是他今后不需要任何奖惩也能自动遵守的行为规范。

第三步，设立自己家庭的价值观执行方案。还是拿"守信"这个价值观来说，你可以明确规定，孩子们每次自己出去玩，都要按照约定的时间回来。然后，明确哪些是可以谈判的，哪些是底线。如果按时回家是底线的话，那么出去玩的时间就是可以谈判的内容。比如说，孩子觉得玩1个小时才过瘾，而你只想让他玩半个小时，如果你认为时间是可以有弹性的，那么你就可以在半小时的基础上增加一些。只要孩子最终遵守了约定，按时回家就可以了。与孩子谈判，最好在坚持你的底线时做一些让步，这也会激励他们为自己争取权益，并且获得成就感。

根据这三步，你可以设计出很多你需要的其他价值观养育体系，然后在具体的生活中慢慢熏陶。

总结

在教育过程中，我们不但要给孩子选择的机会，同时也应该坚持我们的价值观和底线，并且用更具体的标准来执行。

离了婚，还能做精益父母吗

一位妈妈向我提问，说自己有一个7岁的女儿，爸爸因为沉迷赌博，离开了家，自己的婚姻也走到了尽头。但是，孩子的爸爸走后，女儿经常情绪低落，跟妈妈说自己过得很没意思。她很担心孩子的身心健康，不知

道到底该怎么办。

每一个做父母的都想给孩子一个完整的家，但现实有时却不能让所有人都做到这一点，因为我们并不能保证自己对人生伴侣的选择不会出错。既然出错了，离婚也在所难免。但是离了婚或者是想离婚的父母最担心的问题就是，如何避免离婚对孩子产生的伤害。

2016年，我们国家离婚人数已经超过400万对。而离婚一定会给孩子带来伤害，这是毋庸置疑的。不同年龄的孩子，父母离异对他们产生的伤害是不一样的。如果离婚发生在婴儿时期（1岁以前），你可能会认为他们不太懂事，影响不大，但是很多父母会发现，离婚以后，宝宝会经常出现情绪问题，比以前更容易哭闹，以前养成的生活习惯几乎全被打乱，而且变得特别黏人，妈妈离开一会儿都会产生强烈的焦虑。你发现没有，哪怕是小婴儿，也对家庭结构、亲密关系的变动有着敏锐的觉知，对离婚他们绝不是毫无感知。

如果你们是在孩子3～6岁时离婚的，这个时候儿童的自我意识已经形成，也学会了开始找因果关系。积木搭不好是为什么呢？噢，原来是用错了形状，那我再试试。孩子自己是想不明白离婚这件事情的，因此很容易就会把责任归咎于自己。他们会认为爸爸妈妈分开是因为自己做错了什么，长此以往，可能会变得非常敏感和机警，并且用他们的乖巧来讨好爸爸妈妈。有时候他们也会用情绪低落、吵闹，甚至是生病来试图挽回父母的关系。

离异家庭的孩子在上小学的时候可能会变得容易悲伤，碰到困难容易逃避，而且会表现出更多的行为问题。大量的研究证明，如果夫妻是在孩子3～9岁这段时间离婚的，对孩子的伤害最大，而且这个伤害对男孩更大，他们更加难以适应父母离婚的这种变化。所以如果是一个单亲妈妈带着儿子，这个孩子可能会更渴望妈妈去重新建立一个家庭。

离婚还会让孩子在青春期和成年以后出现一种关系障碍，就是和权威相处不好，比如说老师或者是单位的领导。如果一个孩子从小跟着母亲生活，等他到了青春期，他可能更容易对男性老师产生一种复杂的情绪。遇到一个很好的男老师，他会非常迷恋；如果遇到一个不那么优秀的男老师，他可能会变得非常愤怒，而很容易跟老师发生冲突。因为他们会把自己对父亲的期待，投射到另外一位成熟男性身上，对成熟男人的品德要求会更高。

在等到孩子长大成人，要建立自己的亲密关系的时候，他们可能会时常回忆起父母离婚的事情而表现得很焦虑。他们中很多人既渴望获得亲密感，又非常害怕做出承诺，因为他们担心最后会以失败告终。

说到这里，有人可能要问，既然离婚对孩子有这么大的伤害，那是不是要为了孩子忍了算了——虽然和另一半已经没有感情了，但是至少这样能够给孩子一个完整的家。

对于这个问题，且不说你到底能不能够忍得住，想想你每天都在委曲求全和压抑中生活，你能确保你们夫妻之间的负面情绪不会感染到孩子吗？法国心理学家阿迈图和基斯在长期跟踪离婚家庭的孩子后发现，那些生活在完整家庭但是家里面冲突较多的孩子，比那些父母离婚的孩子更加糟糕。如果你家里动不动就上演冲突或者冷战的话，要保护孩子，离婚可能是一个更好的办法。

于是就出现了一个两难的问题：离婚是伤害，不离伤害更大。但总要面对现实，有没有一种方案可以让孩子在父母离婚的情况下也能健康成长呢？

有的！因为离婚在每个国家其实都算是一个大概率的社会问题，所以关于离婚对儿童心理的影响，在过去的100年时间里，有着大量且成熟的研究，也切实地得出了很多可靠的结论。我总结了一下，想要在离婚后把对孩子的伤害降到最小，我们需要做到以下四点：

第一，在离婚以后，取得监护权的一方依然要保证孩子得到足够的温

暖和支持,给予他们应有的关爱。更重要的是,监护的一方必须采取"权威型"方式监督孩子的行为。重视孩子的个性发展,但是在他们的品行、生活、学习习惯方面不一味严格,而是非常尊重孩子的决定,大部分事情都和孩子进行讨论再执行。另外,根据孩子自己的兴趣来安排学习方案。用一句话总结就是:关爱温暖和理智惩罚并存。

第二,对孩子的期望要符合他们的年龄特点。很多家长的婚姻不幸,就把所有的人生希望都寄托在孩子身上,希望他们各方面都很优秀。可能这里面还隐藏着一种要证明自己一个人也能把孩子培养好的冲动,但是如果这种动机太强烈,反而会给孩子过大的压力,让他们变得不快乐。

第三,离婚以后,只要夫妻双方再没有情感上的纠葛和冲突,就应该让没有取得监护权的一方和孩子同样保持亲密的关系。做到这一点,可以让孩子更好地适应爸爸妈妈离婚后的生活。不能因为自己对前任还怀有怨恨,就不让孩子和另一方接触。就像前面提问的那位妈妈,即使是觉得前夫不思进取,不值得托付,但是爸爸和孩子之间的关系是纯粹的,保证孩子和爸爸的正常见面,孩子并不会因此就变得不思进取,反而会获得更多来自父亲的情感支持。作为监护人,应该抛开对婚姻的成见,让孩子和另一方享受更加简单的亲子关系。这其实也是孩子愿意看到的。

第四,不要对孩子回避离婚这个事实。有的家长为了保护孩子,对离婚这件事情总是闭口不谈,他们以为这样就可以让孩子不受影响。结果恰恰相反,心理学家凯利和艾莫里在2003年的研究中发现,那些从小没有正确理解父母离婚这件事的孩子更容易在成年以后出现挥之不去的悲伤、担忧、遗憾和痛苦。但还有一项令人振奋的研究发现,如果孩子能够在小时候就面对父母离婚这个事实,并且能够正确地理解这件事情(比如说,你经常和孩子讨论你们的婚姻,告诉他自己犯了什么错误,告诉孩子爸爸妈妈对他的爱还是不变的),孩子不但不会受到父母离婚的影响,反而会更加注重自己的亲密关系,变成更好的人。

我的童年就经历了父母的离婚。我 4 岁那年,父母分开,几年后都重新组建了家庭。但幸运的是,当时我的监护人妈妈对我采取了权威式的教育法,温暖而又严格。我住的地方离爸爸家也只有 5 分钟路程,所以我可以很轻松地去看望我的爸爸。

爸爸妈妈对他们离婚的教训都很坦诚,从来都不避讳和我讨论。所以,虽然父母离婚始终是件不愉快的事情,但我基本上没有因为父母的分开而变得焦虑和忧伤。而且,我也记住了他们在婚姻当中所吸取的教训,从而更加重视自己的家庭生活。也许,这也是我希望用心理学帮助所有人的动力所在吧。

离婚对儿童来说并不是不可挽回的伤痛,只要你精心呵护,关注你自己的心理状态,离婚了照样可以做精益父母,孩子的内心依然会充满阳光!

参考文献

[1] 戴安娜·帕帕拉,萨莉·奥尔兹,露丝·费尔德曼.发展心理学[M].李西营,等译.北京:人民邮电出版社,2013.

[2] Guy R Lefrancois.孩子们:儿童心理发展[M].王全志,孟祥芝,等译.北京:北京大学出版社,2004.

[3] 玛利亚·蒙台梭利.童年的秘密[M].梁海涛,译.北京:中国长安出版社,2010.

[4] 默娜 B 舒尔,特里萨·弗伊·迪吉诺里莫.如何培养孩子的社会能力[M].张雪兰,译.北京:京华出版社,2009.

[5] 霍华德·加德纳.多元智能新视野(纪念版)[M].沈致隆,译.杭州:浙江人民出版社,2017.

[6] 劳伦斯·科恩.游戏力[M].李岩,译.北京:中国人口出版社,2016.

[7] 王叡.博士妈妈带你选绘本、读绘本、玩绘本[M].厦门:鹭江出版社,2018.

[8] 吉姆·崔利斯.朗读手册[M].沙永玲,麦奇美,麦倩宜,译.海口:南海出版公司,2012.

[9] 黄维仁.活在爱中的秘诀:亲密关系三堂课[M].北京:中国轻工业出版社,2018.

[10] 劳伦·斯莱特.20世纪最伟大的心理学实验(纪念版)[M].郑雅方,译.北京:北京联合出版公司,2017.

[11] 苏珊·霍克西玛.变态心理学(第6版,DSM-5更新版)[M].邹丹,等译.北京:人民邮电出版社,2017.

[12] 理查德·格里格,菲利普·津巴多.心理学与生活[M].王垒,王甦,等译.北京:人民邮电出版社,2003.

[13] 朱迪 S 贝克.认知行为基础与应用[M].张怡,孙凌,王辰怡,等译.北京:中国轻工业出版社,2013.

[14] 安吉拉·克里福德–波斯顿.如何读懂孩子的行为:理解并解决孩子各种行为问题的方法[M].王俊兰,译.北京:北京联合出版公司,2013.

[15] 沃尔特·米歇尔.棉花糖实验[M].任俊,闫欢,译.北京:北京联合出版公司,2016.

[16] 简·尼尔森.正面管教[M].王冰,译.北京:北京联合出版公司,2016.

[17] 阿黛尔·法伯, 伊莱恩·玛兹丽施. 如何说孩子才会听, 怎么听孩子才肯说[M]. 安燕玲, 译. 北京: 中央编译出版社, 2012.

[18] 理查德·怀斯曼. 59秒心理学[M]. 冯杨, 译. 太原: 山西人民出版社, 2009.

[19] 海姆 G 吉诺特. 孩子, 把你的手给我[M]. 张雪兰, 译. 北京: 北京联合出版公司, 2018.

[20] 冯颖. 二孩妈妈一定要懂的心理学[M]. 北京: 化学工业出版社, 2017.

[21] 史蒂夫 C 海耶斯, 斯宾斯·史密斯. 学会接受你自己: 全新的接受与实现疗法[M]. 曾早垒, 译. 重庆: 重庆大学出版社, 2013.

[22] 彼得·史密斯, 海伦·考伊, 马克·布莱兹. 理解孩子的成长[M]. 寇彧, 等译. 北京: 人民邮电出版社, 2006.

[23] 玛乔丽·菲尔茨, 帕特里夏·梅里特, 德博拉·菲尔茨. 0~8岁儿童纪律教育——给教师和家长的心理学建议[M]. 蔡菡, 译. 北京: 中国轻工业出版社, 2015.

[24] 珍妮特·冈萨雷斯-米纳, 戴安娜·温德尔·埃尔. 婴儿及其照料者: 尊重及回应式的保育和教育课程(第8版)[M]. 张和颐, 张萌, 译. 北京: 商务印书馆, 2016.

[25] 特雷西·霍格, 梅林达·布劳. 实用程序育儿法[M]. 张雪兰, 译. 北京: 北京联合出版公司, 2015.

[26] 松田道雄. 定本·育儿百科[M]. 王少丽, 等译. 北京: 华夏出版社, 2010.

[27] 伯顿 L 怀特. 从出生到3岁[M]. 宋苗, 译. 北京: 北京联合出版公司, 2016.

[28] 朱智贤. 儿童心理学[M]. 北京: 人民教育出版社, 1993.

[29] 洛朗·孔巴尔贝. 和孩子正确说话[M]. 李焰明, 原冰玉, 译. 北京: 中国华侨出版社, 2015.

[30] 杰拉尔德·纽马克. 如何培养情感健康的孩子[M]. 叶红婷, 译. 北京: 北京联合出版公司, 2012.

[31] 史蒂夫·比达尔夫. 养育男孩[M]. 丰俊功, 宋修华, 译. 北京: 中信出版社, 2014.

[32] 史蒂夫·比达尔夫. 养育女孩[M]. 钟煜, 译. 北京: 中信出版社, 2014.

[33] 琳达·艾尔, 理查德·艾尔. 为了孩子一生的幸福和成功[M]. 叶红婷, 译. 北京: 北京联合出版公司, 2011.

[34] 杰弗里·伯恩斯坦. 叛逆不是孩子的错[M]. 陶志琼, 译. 北京: 机械工业出版社, 2013.

[35] 孙瑞雪. 捕捉儿童敏感期[M]. 北京: 中国妇女出版社, 2013.

[36] 约翰·梅迪娜. 让孩子的大脑自由[M]. 王佳艺, 译. 杭州: 浙江人民出版社, 2012.

全年龄段

《叛逆不是孩子的错：不打、不骂、不动气的温暖教养术（原书第2版）》

作者：[美] 杰弗里·伯恩斯坦 译者：陶志琼

放弃对孩子的控制，才能获得更多的掌控权；不再强迫孩子听话。孩子才会开始听你的话，樊登读书倾力推荐，十天搞定叛逆孩子

《硅谷超级家长课：教出硅谷三女杰的TRICK教养法》

作者：[美] 埃丝特·沃西基 译者：姜帆

"硅谷教母"埃丝特·沃西基养育了三个卓越的女儿，分别是YouTube的CEO、基因公司创始人和名校教授。她的秘诀就在本书中

《学会自我接纳：帮孩子超越自卑，走向自信》

作者：[美] 艾琳·肯尼迪-穆尔 译者：张海龙 郭霞 张俊林

为什么我们提高孩子自信心的方法往往适得其反？
解决孩子自卑的深层次根源问题，帮助孩子形成真正的自信；
满足孩子在联结、能力和选择三个方面的心理需求；
引导孩子摆脱不健康的自我关注状态，帮助孩子提升自我接纳水平

《去情绪化管教，帮助孩子养成高情商、有教养的大脑！》

作者：[美] 丹尼尔·J.西格尔 等 译者：吴蒙琦

无须和孩子产生冲突，也无须愤怒、哭泣和沮丧！用爱与尊重的方式让孩子守规矩，使孩子朝着成功和幸福的人生方向前进

《爱的管教：将亲子冲突变为合作的7种技巧》

作者：[美] 贝基·A.贝利 译者：温旻

美国亚马逊畅销书。只有家长先学会自律，才能成功指导孩子的行为。自我控制的七种力量和由此而生的七种管教技巧，让父母和孩子共同改变。在过去15年中，成千上万的家庭因这7种力量变得更加亲密和幸福

更多>>>

《儿童教育心理学》 作者：[奥地利] 阿尔弗雷德·阿德勒 译者：杜秀敏
《我不是坏孩子，我只是压力大：帮助孩子学会调节压力、管理情绪》 作者：[加] 斯图尔特·尚卡尔 等 译者：黄镇华
《如何让孩子爱上阅读》 作者：[澳] 梅根·戴利 译者：卫妮

青春期

《欢迎来到青春期：9~18岁孩子正向教养指南》
作者：[美] 卡尔·皮克哈特 译者：凌春秀

一份专门为从青春期到成年这段艰难旅程绘制的简明地图；从比较积极正面的角度告诉父母这个时期的重要性、关键性和独特性，为父母提供了青春期4个阶段常见问题的有效解决方法

《女孩，你已足够好：如何帮助被"好"标准困住的女孩》
作者：[美] 蕾切尔·西蒙斯 译者：汪幼枫 陈舒

过度的自我苛责正在伤害女孩，她们内心既焦虑又不知所措，永远觉得自己不够好。任何女孩和女孩父母的必读书。让女孩自由活出自己、不被定义

《青少年心理学（原书第10版）》
作者：[美] 劳伦斯·斯坦伯格 译者：梁君英 董策 王宇

本书是研究青少年的心理学名著。在美国有47个州、280多所学校采用该书作为教材，其中包括康奈尔、威斯康星等著名高校。在这本令人信服的教材中，世界闻名的青少年研究专家劳伦斯·斯坦伯格以清晰、易懂的写作风格，展现了对青春期的科学研究

《青春期心理学：青少年的成长、发展和面临的问题（原书第14版）》
作者：[美] 金·盖尔·多金 译者：王晓丽 周晓平

青春期心理学领域经典著作
自1975年出版以来，不断再版，畅销不衰
已成为青春期心理学相关图书的参考标准

《读懂青春期孩子的心》
作者：马志国

资深心理咨询师写给父母的建议
解读青春期孩子真实的心灵
解开父母心中最深的谜

儿童期

《自驱型成长：如何科学有效地培养孩子的自律》
作者：[美] 威廉·斯蒂克斯鲁德 等　译者：叶壮

樊登读书解读，当代父母的科学教养参考书。所有父母都希望自己的孩子能够取得成功，唯有孩子的自主动机，才能使这种愿望成真

《聪明却混乱的孩子：利用"执行技能训练"提升孩子学习力和专注力》
作者：[美] 佩格·道森 等　译者：王正林

聪明却混乱的孩子缺乏一种关键能力——执行技能，它决定了孩子的学习力、专注力和行动力。通过执行技能训练计划，提升孩子的执行技能，不但可以提高他的学习成绩，还能为其青春期和成年期的独立生活打下良好基础。美国学校心理学家协会终身成就奖得主作品，促进孩子关键期大脑发育，造就聪明又专注的孩子

《有条理的孩子更成功：如何让孩子学会整理物品、管理时间和制订计划》
作者：[美] 理查德·加拉格尔　译者：王正林

管好自己的物品和时间，是孩子学业成功的重要影响因素。孩子难以保持整洁有序，并非"懒惰"或"缺乏学生品德"，而是缺乏相应的技能。本书由纽约大学三位儿童临床心理学家共同撰写，主要针对父母，帮助他们成为孩子的培训教练，向孩子传授保持整洁有序的技能

《边游戏，边成长：科学管理，让电子游戏为孩子助力》
作者：叶壮

探索电子游戏可能给孩子带来的成长红利；了解科学实用的电子游戏管理方案；解决因电子游戏引发的亲子冲突；学会选择对孩子有益的优质游戏

《超实用儿童心理学：儿童心理和行为背后的真相》
作者：托德老师

喜马拉雅爆款育儿课程精华，包含儿童语言、认知、个性、情绪、行为、社交六大模块，精益父母、老师的实操手册；3年内改变了300万个家庭对儿童心理学的认知；中南大学临床心理学博士、国内知名儿童心理专家托德老师新作

更多>>>　《正念亲子游戏：让孩子更专注、更聪明、更友善的60个游戏》作者：[美] 苏珊·凯瑟·葛凌兰　译者：周玥 朱莉
　　　　　《正念亲子游戏卡》作者：[美] 苏珊·凯瑟·葛凌兰 等　译者：周玥 朱莉
　　　　　《女孩养育指南：心理学家给父母的12条建议》作者：[美] 凯蒂·赫尔利 等　译者：赵菁